August Rothpletz

Das Karwendelgebirge

weitsuechtig

August Rothpletz

Das Karwendelgebirge

ISBN/EAN: 9783943850949

Auflage: 1

Erscheinungsjahr: 2013

Erscheinungsort: Bremen, Deutschland

weitsuechtig

Das

Karwendelgebirge.

Von

A. Rothpletz.

Mit 1 Karte, 9 Tafeln und 29 Figuren im Text.

Separat-Abdruck aus der Zeitschrift des Deutschen und Oesterreichischen Alpenvereins.

MÜNCHEN 1888.

Druck der Dr. Wild'schen Buchdruckerei (Gebr. Parcus).

Inhalt.

1*

Einleitung.

Dem Wanderer, der sich von Norden her dem Karwendelgebirge nähert, bleiben die eigentlichen Karwendelketten lange hinter den waldbedeckten Bergrücken verborgen, die denselben vorgelagert sind und im Juifen, Scharfreiter und in der Schöttelkarspitze wohlbekannte Aussichtspunkte besitzen. Von diesen aus gewahrt er zuerst die schroffen, hellfarbigen Felsketten in ihrer ganzen Erstreckung von Ost nach West, wie sie mit ihren unbewaldeten grauen Felskämmen als hohe Mauern hinter grünen Waldbergen aufragen und die Erde gegen das Blau des Himmels abgrenzen.

Schon dieser Anblick lässt vermuthen, was geologische Forschung bestätigt, dass diese Waldberge, wie sie zwischen Isar- und Achenthal vor uns ausgebreitet liegen, nur die Vorberge des Karwendelgebirges sind, welches selbst dahinter zunächst mit der vorderen oder eigentlichen Karwendelkette zwischen Mittenwald und der Hinterriss aufsteigt und weiter nach Osten bis zum Achensee mit den reihenweise geordneten Bergmassen des Falken, Gamsjochs, Sonnenjochs und Stanserjochs fortsetzt. Dahinter ragt eine zweite Kette auf von der Scharnitz bis nach Stans, die Hinterauthaler Kette, die wir als hintere Karwendelkette bezeichnen.

Weiter reicht der Blick von den Vorbergen aus nicht; die südlichen Parallel-Züge der Gleiersch- und der Solsteinkette, mit welchen das Karwendelgebirge gegen das Innthal seinen Abschluss erreicht, bleiben verborgen. Auf der topographischen Karte sind zwar auch diese zur Darstellung gelangt, nicht aber auf der gesondert erscheinenden geologischen Karte. Der Grund dieser Beschränkung war zunächst ein äusserlicher. Die Kräfte reichten nicht aus, um die geologischen Aufnahmen in der gegebenen Zeit von zwei Sommerferien fertig zu stellen. Dann aber besitzen die südlichen Ketten nach ihrem geologischen Bau eine gewisse Unabhängigkeit von dem der nördlichen Züge, so dass letztere auch ohne näheres Eingehen auf erstere wohl verstanden werden können, während vordere und

hintere Karwendelkette ein zusammengehöriges Ganze bilden, das
nur durch gleiche Kenntniss beider Theile richtig erfasst werden kann.
Die Unzulänglichkeit des vorhandenen Kartenmateriales hat
Jeder empfunden, der das Karwendelgebirge eingehender besucht hat.
Abhilfe zu schaffen ist, soweit es in den Kräften unseres Vereines
lag, mit dieser neuen Karte versucht worden. Unser Augenmerk
war dabei hauptsächlich auf eine gleichmässige Darstellung des
bairischen und tiroler Theiles, auf Richtigkeit der Nomenclatur und
Deutlichkeit sowie Schönheit des Kartenbildes gerichtet, und wir
hoffen, es sei dies soweit gelungen, dass eine eingehende topographische Beschreibung dieses Gebietes hier entbehrt werden könne.
Was aber die Karte nicht zur Anschauung bringen kann, das
ist die Grossartigkeit und Eigenart der Landschaft, deren stets
wechselnde Reize uns bald mit ihrer Lieblichkeit und Anmuth
entzückend fesseln, bald mit ihrer scheuen Verschlossenheit mächtig
anziehen. Auch hier muss die Beschreibung verstummen. Der
Fülle von Schönheit gegenüber, die der Wandel der Jahreszeiten,
der Wechsel von Tag und Nacht, von Sonnenschein und Sturmes-
Wettern über die wolkenumzogenen Felsgipfel, die grünen Wald-
gehänge und die wohnlichen Thales-Auen ausgiesst, bleibt das
schildernde Wort arm und farblos. Nur eigene Anschauung gibt
hier lebendiges Bild, wozu unsere Karte ein hilfreicher Wegweiser
sein möchte.
Ein Blick auf dieselbe genügt, um die vier langen von West nach
Ost gerichteten Bergketten zu erkennen. Die längste und grösste
unter ihnen ist die hintere Karwendelkette, welche in schwacher
Wellenlinie das Kartenblatt fast ganz durchquert. Eine der merkwürdigsten Eigenthümlichkeiten der Karwendelketten ist an dieser
besonders schön ausgeprägt. Ziemlich genau rechtwinkelig zur
Kammlinie laufen von rechts nach links kurze Seitenkämme aus
und zwischen je zweien dieser sind tiefe, meist circusförmige Kare
eingesenkt, die nach rückwärts von den Steilwänden des Haupt-
kammes abgeschlossen sich nach auswärts in schmalen Schluchten
oder Klammen öffnen. Während aber diese Seitenkämme im westlichen Theile und auf der Südseite der hinteren Karwendelkette
kräftig entwickelt sind, ja in dem nach Westen sich umbiegenden
Seitenkamm des Sundigers sogar fast den Werth einer Parallelkette
erreichen, fehlen sie im Norden der Kette von der Hochalpe bis
zur Mittagspitze beinahe ganz. In 600 bis 800 m hohen, steilen
Wänden fällt hier der Kamm mit nur kurzen coulissenartigen
Vorsprüngen unmittelbar bis in die Niederung der Thäler ab.
In ähnlicher Weise fehlen die Seitenkämme der zweitgrössten,
der Gleierschkette, auf ihrer Nordseite, während sie auf der Südseite kräftig entwickelt sind und durch das Stempeljoch sogar diese
Kette mit der südlichen Solsteinkette eng verbinden. Bei letzterer
sind sie regelmässig zu beiden Seiten vorhanden, aber die des Nordens
sind bedeutender als die südlichen. Im Westen schliessen sich an

die Solsteinkette, aber durch den tiefen und breiten Erlsattel von ihr getrennt, die S e e f e l d e r B e r g e an. Sie stellen eine bogenförmige Kette dar, die ein grosses weites Kar umschliesst, in dessen Mitte die Alpe Eppzirl liegt. Die kleinste von allen ist die v o r d e r e K a r w e n d e l k e t t e. In weit bogenförmig geschwungener Linie zieht ihr Kamm vom Brunnenstein bis zum Johannesthal und entsendet nach beiden Seiten hin seine seitlichen Ausläufer. Unweit der Mitte seiner Längserstreckung wird er jedoch durch die tiefe und breite Bärenalplscharte zweigetheilt. Denkt man sich die Thäler bis zu einer Meereshöhe von 2000 m von Nebel erfüllt, so würde man von der Höhe des hinteren Karwendelkammes aus die vordere Kette als zwei gesonderte, kettenförmige Inseln aus dem Nebelmeer aufragen sehen und auf ihre Zusammengehörigkeit nur aus der übereinstimmenden Richtung und der Gleichmässigkeit des geologischen Baues schliessen können. Die Grösse und Tiefe der trennenden Scharten und Querthäler sind nicht in erster Linie maassgebend, und von diesem Gesichtspunkt aus, der später geologisch gerechtfertigt werden soll, müssen wir auch die Falken, das Gamsjoch, Sonnenjoch und Stanserjoch, trotz der Tiefe des Johannes-, Lalider-, Eng- und Falzturnthales, als östliche Fortsetzung der Karwendelkette betrachten, die wir alle als v o r d e r e n K a r w e n d e l z u g zusammenfassen wollen. Nördlich desselben würden aus dem angenommenen Nebelmeer nur als eine Anzahl kleiner Inselchen die Seekar-, See- und Mondscheinspitze, das Stallener- und Grasbergjoch, die Fleischbank, der Scharfreiter, die Krapfenkar- und Schöttelkarspitze und der Soiern auftauchen. Hier ist keine kettenförmige Anordnung mehr zu entdecken. Es fehlen die culminirenden Kämme. Denn wenn auch die Gesteinschichten hier wie in den Karwendelketten von Ost nach West streichen, so sind sie doch nicht sattelförmig zu hohen Längsrücken aufgebogen, sondern im Gegentheil muldenförmig eingebogen. Von Anfang an war darum dieser Theil dazu verurtheilt, ein niedrigeres Vorland zu sein, über das hinweg die hohen Ketten ihre Gewässer und einstmals auch ihre Gletscher in die Niederung des Isarthales entsandten, und darum wollen wir auch dieses ganze Gebiet, in dem man die Berggruppen des Soiern, Scharfreiter, Mondschein, Juifen und der Seespitze wohl als einzelne Abtheilungen unterscheiden kann, als K a r w e n d e l - V o r g e b i r g e bezeichnen.

Die T h ä l e r, welche das Gebirge durchfurchen und die Gewässer aus demselben abführen, sind sehr verschiedener Natur. Tiefe Längsthäler liegen zwischen den vier Gebirgsketten: Samerthal und Isthal, Vomperloch und Hinterauthal, Karwendel- und Stallenthal. Die ersten zwei Paare sind an ihren oberen Enden miteinander verbunden und nur durch die kurzen Wasserscheiden des Stempeljochs und des Ueberschalls von einander getrennt; die oberen Enden des Karwendel- und Stallenthales hingegen liegen ungefähr 14 km weit auseinander, aber in diese Zwischenzone fallen

die Ladizer und Laliderer Niederungen, welche in gewissem Sinn
als unterbrochene Fortsetzung jener Längsthäler angesehen werden
können. Mit Ausnahme des Hinterauthales und des Stallenthales
biegen sich alle diese Längsthäler in ihren unteren Enden in
Querthäler um, die zum Theil als Gleiersch-, Haller- und Vomperthal besondere Namen führen. Auch das Hinterrissthal von der
Hagelhütte bis zum Klösterl ist ein Längsthal, welches die kurzen
Querthäler (Engthal, Laliderer- und Johannesthal) aufnimmt und
dann selbst in das breite Querthal der Vorderriss einmündet. Wenn
die Herrschaft der Längsthäler für das Gebiet der Karwendelketten
maassgebend gelten darf, so ist im Gegensatz dazu für das Vorgebirge die Herrschaft der Querthäler bezeichnend, unter denen Fer-
mannsthal, Vorderriss- und Dürrachthal besonders hervorragen.

Im Westen und Norden ist das Karwendelgebirge vom Isarthal, im Süden vom Innthal und im Osten vom Achenthal begrenzt.
Letzteres war früher ein Seitenthal des Innthales, hat sich aber in
Folge der Abdämmung des Achensees zu einem Seitenthal der Isar
umgewandelt, so dass gegenwärtig fast alle Gewässer, die im Westen,
Norden und Osten aus dem Karwendelgebirge abfliessen, in die Isar
rinnen. Mit Recht kann man darum dieses Gebirge als das Quellgebiet der Isar bezeichnen. Zum Inngebiet rechnet nur der schmale
Streifen, welcher durch eine Linie begrenzt wird, die man vom
Stanserjoch über die Gipfel der Ketten bis zum Solstein in ungefähr
paralleler Richtung zum Inn zieht.

Der Boden des Innthales liegt etwa 350 m tiefer als der des
Isarthales. Das Gefälle der Seitenbäche ist desshalb gegen den Inn
ein viel grösseres als gegen die Isar. So beträgt z. B. das Gefälle
des Wassers zwischen Haller Anger und Scharnitz $5^0/_0$ der Länge,
das des Rissbaches zwischen Loch im Grund und der Einmündung
in die Isar $3^0/_0$; dahingegen das des Weissenbaches im Hallthal $10^0/_0$
und das des Vomperbaches $9^0/_0$. Trotz dieses stärkeren Gefälles
haben sich die Innzuflüsse lange nicht so weit nach rückwärts eingeschnitten als die Isarbäche und man erkennt schon daraus, dass
es durchaus nicht die Erosionskraft des fliessenden Wassers allein
war, welche Länge und Richtung der Thäler bestimmt hat.

Gletscher und Firnfelder fehlen dem Karwendelgebirge
gänzlich und es gibt nur einzelne schattige Stellen am Fuss steiler
Felswände oder in den Tiefen der Felskare, an denen Schneeflecke
im Sommer wie im Winter aushalten. Die höhere Region der
nackten Felsmassen entbehrt darum meist der Quellen und der
andauernd fliessenden Bäche, da die atmosphärischen Niederschläge
rasch in den Klüften und Spalten der Kalkfelsen verschwinden.
Um so ergiebiger treten sie am Fuss der grossen Bergmassen aus
dem mächtigen Mantel der lockeren Schuttmassen als starke kalte
Quellen hervor, wie z. B. »bei den Flüssen« im Hinterauthal, beim
Brünndl im Karwendelthal oder bei der unteren Kälberalpe bei
Mittenwald; oder sie sammeln sich an thonigen Gesteinsschichten

im Gebirge an und treten als »Schichtquellen« da zu Tage, wo diese
Schichten ausstreichen. Besonders quellenreich sind darum die
Raibler, Kössener und Neocom-Schichten. Aber auch da, wo auf
grossen Gebirgsspalten thonige Schichten in die Kalkfelsen einge-
brochen sind, sammelt sich das Wasser auf diesen Spalten und
bricht sprudelnd hervor, wie z. B. in der oberen Sulzleklamm.
Herr Dr. Gruber hat auf Veranlassung des Central-Ausschusses
die Quellen des Isarursprunges einer genauen Untersuchung unter-
zogen und seine Ergebnisse im Jahresbericht der Geographischen
Gesellschaft zu München 1887 veröffentlicht. Die Temperaturen
von 19 gemessenen Quellen in Höhen von 1150 bis 1750 m liegen
danach zwischen 2,5 und 6° C. Doch beabsichtigt Dr. Gruber
diese interessanten Studien auch noch auf andere Theile des Karwendelgebirges auszudehnen, in denen derartige Messungen bisher
noch nicht ausgeführt worden sind.

Die Karte.*)

So, wie die neue Karte des Karwendelgebirges jetzt vor uns
liegt, ist sie das Werk Vieler. Aufgebaut auf die Originalaufnahmen
des österreichischen und bairischen Generalstabes, ist doch Manches
an ihr verändert worden und Neues hinzugekommen.

Auf dem bairischen Theile fehlten die Höhencurven. Herr
Dr. Bischoff hat uns dieselben auf Copien der Aufnahmen des
bairischen Generalstabes (1 : 25000), welche uns Herr General
von Orff gütigst überlassen hat, eingezeichnet. Die Ergebnisse
seiner Höhenmessungen auf dem bairisch-tirolischen Grenzkamm
weichen etwas von denjenigen der österreichischen Karte ab. Letztere
wurden nur da auf der Karte eingetragen, wo Herr Bischoff
keine neueren Messungen vorgenommen hatte. Verschiedenheiten
ergaben sich für folgende Punkte:

Brunnensteinspitze .	österr.	2173,	n. Bischoff	2220
Sulzleklammspitze .	»	2316	» »	2302
Karwendelspitze . .	»	2382	» »	2370
Wörner	»	2517	» »	2460
Hochkarspitze . . .	»	2515	» »	2434
Raffelspitze . . .	»	2312	» »	2375
Nördlicher Schlichten	»	2424	» »	2450
Steinkarspitze . .	»	2016	» »	1995

Die Tiefencurven des Achensees habe ich dem Geistbeck'-
schen Atlas entnommen. Das Steinloch nördlich der Vogelkarspitze
wurde umgezeichnet; die älteren Karten alle haben da, wo diese
tiefe, nach Nord-Ost sich öffnende karähnliche Einsenkung liegt, irr-
thümlich einen Gebirgsgrenzkamm eingetragen, der die östliche

*) Die topographische Karte ist der Zeitschrift Bd. 19 beigegeben und
von Mitgliedern auf Verlangen vom C.-A. einzeln zu beziehen. Diesem Separat-
Abdruck ist statt ihrer die geologische Karte beigegeben, die aber erst später
nachgeliefert werden wird.

Karwendelspitze mit der Steinkarlspitze verbinden soll. Da von den Jagdherren im Karwendel viele Wegbauten ausgeführt und ältere Wege in Folge dessen oft auflässig werden, so machten sich viele Aenderungen und Ergänzungen in den Wegeintragungen nothwendig. In vielen Fällen lagen keine Vermessungen vor und mussten die Eintragungen dann aus der Erinnerung gemacht werden.

Grosse Schwierigkeiten bereitete die Nomenclatur, deren Richtigstellung innerhalb der vier Karwendelketten Herr Heinrich Schwaiger, unter Mitwirkung der Herren Dr. A. Lieber und Jul. Pock in Innsbruck übernahm und mit grosser Sorgfalt durchführte. Um das Gebiet des Bächenthales, der Hinterriss und der Pertisau hat sich Herr Forstverwalter Kobelka besonders verdient gemacht, indem er mir eine grosse Anzahl von Correcturen einsandte. Für den bairischen Theil habe ich mich hauptsächlich an die Katasterblätter gehalten.

Die Schreibweise und Aussprache vieler Namen ist nicht feststehend. So findet man Blums, Plums und Pluns (*planities*); Pfons, Pfans und Fons (*fontes*); Telfs, Telps und Delps (*jugo d'alpes*). Ich gab der forstamtlichen Schreibweise den Vorzug, da sie am unmittelbarsten den ladinischen Ursprung dieser Namen wiedergibt.

Auch bei ursprünglich deutschen Namen herrscht Unsicherheit: Karwendel, Kahrwändel, Korbendel, Garbanndl; Hankampl und Hannkampl; Ronbach (Rabenbach?) und Ronnbach; Fermannsbach und Fermersbach; Kar, Kor, Kahr und Kohr.

Besonders fühlbar machte sich der Mangel einheitlicher Bezeichnungen für die grösseren Ketten und Gruppen des ganzen Gebirges. Dem viel zu allgemeinen Namen Innthaler Kette ist der Sonklar'sche Namen »Solsteinkette« wohl vorzuziehen. Die Gleierschkette wird bald als Bettelwurf- (A. Böhm), bald als Gleierschthalkette, bald als Gleiersch-, Speckkar-, Hallthaler Kette bezeichnet oder wohl auch in die drei Abschnitte der Hallthaler Berge, Speckkarkette und Gleierschkette zerlegt. Eine solche Häufung von Namen ist unzweckmässig. Die hintere Karwendelkette wird gewöhnlich in ihrem westlichen Theil Hinterauthaler, in ihrem östlichen Theil Vomperkette benannt. Da es aber eine einzige Kette ist, so hat auch nur ein Name Berechtigung, und da sie auf's Engste tektonisch mit der eigentlichen Karwendelkette zusammenhängt, so mag dieses Verhältniss schon in dem Namen »hintere Karwendelkette« seinen Ausdruck finden.

Das Karwendel-Vorgebirge ist auch schon als Risser Gebirge bezeichnet worden, ohne dass indessen dieser Name populär geworden wäre, hauptsächlich wohl, weil das Gebiet der Hinterriss fast ganz in den vorderen Karwendelzug fällt und das der Vorderriss nur einen kleinen Theil des Vorgebirges einnimmt.

Des Stiches der Karte hat sich Herr Hugo Petters mit grossem Eifer angenommen, und es darf besonders die Felszeichnung als sehr gut gelungen hervorgehoben werden.

Cotirung des bairischen Theiles des Karwendelgebirges von Herrn Dr. J. Bischoff.

»Die Aufgabe das ca. 200 qkm umfassende Gebiet zwischen Isar, Walchen und Landesgrenze durch Horizontalcurven mit 100 m Abstand darzustellen, sowie die Höhenlage hervorragenderer Berggipfel oder sonst interessanter Punkte zu bestimmen, löste ich durch Combination von trigonometrischen*) und barometrischen Höhenmessungen. Das bairische Präcisionsnivellement hat im Isarthal zwischen Scharnitz und Krün mehrere Fixpunkte. Von einzelnen derselben ausgehend mass ich die Höhenwinkel nach den bedeutenderen Spitzen und entnahm die Horizontalentfernung mit völlig genügender Genauigkeit aus den Steuerblättern (Maasstab 1 : 5000). Die unter Berücksichtigung der Erdkrümmung bestimmten Punkte visirte ich nun von anderen Stationen, welche grössere Uebersicht gewährten, wieder an und berechnete hieraus die Höhenlage des Standpunktes des Theodoliten und die gleichzeitig anvisirten anderen Punkte.

Da ich ein Quecksilberbarometer (und zwei Aneroide) stets bei mir führte, so ergab sich ein Vergleich der trigonometrisch und barometrisch ermittelten Höhen. Meine Erfahrungen darüber lassen sich kurz dahin aussprechen: Die Barometer-Resultate werden um so genauer, je längere Beobachtungsreihen vorliegen; bei anhaltend guter Witterung genügen selbstverständlich kürzere Reihen, als bei Witterungsumschlägen. Ein Misstand liegt in der Beobachtung des Standbarometers, das im gegebenen Fall im Bureau des Forstamts Mittenwald hing und dort mit dem Thermometer zur Bestimmung der Lufttemperatur abgelesen wurde. Infolge dessen ereignete es sich, dass oft auf sehr hoch gelegenen Stationen eine correspondirende höhere Temperatur abgelesen wurde, womit natürlich die der Barometerformel zu Grunde liegende angenommene Constitution der Atmosphäre nicht stimmen kann, so dass das Resultat falsch ausfällt. Eine grössere Genauigkeit hätte sich erreichen lassen, wenn man, wie Herr Geheimrath Dr. v. Bauernfeind in seinen epochemachenden Versuchen es gethan, die meteorologischen Instrumente im Freien 1 bis 2 m über Terrain, geschützt durch einen Schirm, aufgestellt und abgelesen hätte. Der Techniker, welcher mit dem Barometer arbeitet, lässt, um Zeit und Geld zu sparen, diese Vorsicht meist ohne Nachtheil ausser Acht, weil seine zu bestimmenden Höhendifferenzen relativ geringe sind und er ge-

---

*) Die trigonometrische Höhenmessung in ihrer einfachsten Gestalt besteht in der Auflösung eines vertical stehenden rechtwinkligen Dreiecks; die eine horizontale Kathete ist der Horizontal-Abstand des Standpunkts von dem durch den anvisirten Punkt gehenden Loth, die andere verticale Kathete der gesuchte Höhenunterschied (auf jenem Loth), welchem der mit dem Theodoliten zu messende Winkel (Höhenwinkel) gegenüberliegt.

wöhnlich in kürzeren Intervallen zum Standbarometer zurückkehrt. Auch auf meine Höhenbestimmungen hatte besagter Uebelstand darum keinen nennenswerthen Einfluss, weil die Instrumentenstandpunkte und anvisirten Oertlichkeiten trigonometrisch bestimmt wurden und Zwischenpunkte von einem solchen ausgehend mit Anschluss an einen anderen von bekannter Cote barometrisch festgelegt sind, unter entsprechender Ausgleichung der sich ergebenden Differenzen. In Anbetracht des Endzweckes hätte ich mich mit weit geringeren Vorsichtsmassregeln begnügen können. Die erreichte Genauigkeit will ich durch einige Zahlen illustriren. Es ist hiebei wohl zu bedenken, dass kein Gipfel durch ein Signal eigens markirt war, ich daher in der Rechnung stets auf volle Meter abrundete.

Schöttlkarspitze.

Aus der Visur bei F.-P. 1568 in Krün die Höhe zu 2033 m
„ „ „ über „ 1571 vor Mittenwald 2034 m
Der Standpunkt des Theodoliten Jägersruh (zwischen Soiern und Krapfenkar) ergab sich im Mittel aus den Visuren auf Schöttlkarspitze, Soiern und Wörner zu 1875 m. Berechnet man nun umgekehrt aus der Lage von Jägersruh jene der Schöttlkarspitze mit Benützung der gemachten Ablesung, so folgt 2035 m.

Diese Differenzen können allein aus der terrestrischen Strahlenbrechung erklärt werden.

Zur Bestimmung der Vereinsalpe standen (ausser den trigonometrischen Resultaten) 23 correspondirende Barometerstände zwischen dort und Mittenwald (911) zur Verfügung, angestellt am 13. bis 18. und 26. August, theilweise bei sehr wechselnder Witterung. Es fand sich im Mittel (hier sind ausnahmsweise die Decimeter beibehalten)

$$1385,1 + 2,8 \text{ m}$$
Trigonometrisch 1384

Der mittlere Fehler einer Beobachtung: 9,6 m.

Wie es sich bei einer geringeren Anzahl von Beobachtungen verhielt, und welche Zuverlässigkeit meine Aneroide besassen, will ich mit folgendem Beispiel zeigen. Am 28. August, an dem der Barometerstand in Mittenwald fast constant blieb, verweilte ich $5/4$ Stunden auf der Karwendelspitze und erhielt aus zwei um eine Stunde getrennten Ablesungen des Quecksilberbarometers die Höhe zu 2370 beziehungsweise 2374 m, welche trigonometrisch mit 2364 bestimmt ist. Zur Vergleichung der Aneroide sind die folgenden Zahlen gegeben:

	8^h45^m	9^h45^m
Quecksilberbarometer auf 0^0 reduzirt	$575,9^{mm}$	$576,0^{mm}$
Aneroid Nr. 1	569,5 (t = 16^0)	572,3 (t = 12^0)
„ „ 2	572,9 (t = 17^0)	569,1 (t = 12^0)

(mittlere Lufttemperatur 16 beziehungsweise 17^0 C).

Zurückgekehrt nach Mittenwald blieb der Stand der Aneroide 1 bis 2 mm gegen die Ablesung vor Abgang verschieden.

Dass überwundene grössere Höhendifferenzen die sogenannte Stand-Correction des Barometers — und zwar ganz willkürlich — ändern, hat Herr Geheimrath v. Bauernfeind gelegentlich seiner Versuchsreihen erkannt. Da nun bei meinem Durchstreifen des Gebietes stets grössere Höhenunterschiede aufeinander folgten, an einer Station aber die zur Ermittlung der Fehler genügende Zahl von Beobachtungen nie hat angestellt werden können (weil hiezu Ablesungen bei sehr verschiedenen Temperaturen des Aneroids nöthig sind), so wurden alle wichtigeren Punkte, wie Almen, Hütten etc. (mehr als ein Drittel der barometrisch bestimmten Höhen) mit dem Quecksilberbarometer aufgenommen. Da an diesen Stellen auch das Aneroid abgelesen war, konnte dessen Stand im vorliegenden Fall genau genug auf den des ersteren reducirt werden.

Eine sehr gute Verbindung des östlichen und westlichen Theiles meiner Aufnahme ermöglichte sich durch Visuren von Hirzeneck (Ausläufer des Soiern) gegen Scharfreiter und Kotzen. Meine trigonometrisch ermittelte Höhe stimmt genau mit der Angabe für den als österreichischen Dreieckspunkt ebenfalls trigonometrisch festgelegten Scharfreiter.

Am wenigsten zuverlässig sind meine Angaben für bewaldete Rücken, wo ich die Einstellungen, um von Willkürlichkeiten frei zu sein, stets auf die Baumgipfel machen musste, wenn der dichte Stand des Holzes den Boden verdeckte.

Wenn man die Kürze der zur Verfügung stehenden Zeit bedenkt — ich musste vor Ende August in dem vom Herzog von Nassau gepachteten Jagdgebiet, d. i. im westlichen und mittleren Theil des Aufnahmsgebiets fertig sein und konnte erst am 13. von München abreisen —, so wird man zugeben müssen, dass die an mich gestellten Anforderungen ganz ungewöhnliche waren.

Im Ganzen wurden mit dem Theodoliten etwas über 300 Höhenbestimmungen vorgenommen (dabei jedoch die mehrfach angeschnittenen Punkte mit inbegriffen) und ebensoviele Punkte sind lediglich barometrisch festgelegt.

Ohne die fast durchgehends völlig zutreffende Darstellung des Terrains durch die Bergschraffur in den Generalstabskarten wäre natürlich eine nur genäherte Darstellung mit der geringen Anzahl von Punkten unmöglich gewesen.

Das verwendete Instrument, ein Grubentheodolit von Kulle, wegen seiner Leichtigkeit gewählt, gestattete am Horizontal- wie Vertikalkreis $1/2'$ abzulesen. Dasselbe wie die beiden Quecksilberbarometer von Greiner und die zwei Aneroide sind Eigenthum der geodätischen Sammlung der Technischen Hochschule München; Herr Geheimrath Dr. v. Bauernfeind hatte mir dieselben in der liberalsten Weise zur Verfügung gestellt.«

Die geologische Karte.*)

Sie ist das Ergebniss gemeinsamer Arbeit, an der sich die Herren Prof. Dr. v. Zittel, Dr. Clark, Eb. Fraas, G. Geyer, O. Jaekel, O. Reis, R. Schäfer und Schreiber dieses betheiligt haben. Das etwas über 12 ☐Meilen grosse Gebiet war so vertheilt, dass Dr. Fraas die hintere, Dr. Jaekel die vordere Karwendelkette, Dr. Geyer das Stanser- und Sonnenjoch, Dr. Reis das Vorgebirge östlich bis zur Riss, Dr. Schäfer östlich bis zur Dürrach mit Einschluss von Falken und Gamsjoch, Dr. Clark das Vorgebirge zwischen Dürrach und Achensee aufzunehmen hatte. Die Aufnahmszeit betrug ungefähr vier Monate, welche sich auf die Jahre 1886 und 1887 vertheilten. Die Herren Clark und Geyer konnten sich nur das erste Jahr an unserem Unternehmen betheiligen, so dass deren Aufnahmen von Dr. Fraas und mir zu Ende geführt werden mussten.

Eine wesentliche Hilfe erhielten wir durch Herrn Professor v. Pichler, der während unserer Aufnahmen in diesem Gebiet anwesend war, das er seit so langen Jahren durchforscht hat. Seinen mündlichen Mittheilungen haben wir Vieles zu verdanken.

Bei Bearbeitung des gesammelten Versteinerungsmateriales hatten wir uns der Hilfe der Herren C. Schwager, v. Suttner und Dr. v. Wöhrmann zu erfreuen. Auch Herr Dr. Sapper hat durch Mächtigkeitsbestimmungen des Lias am Juifen mitgeholfen.

Werthvolle Vorarbeiten waren uns die geologischen Karten von Haidinger, Fr. v. Hauer, v. Gümbel, des geologisch-montanistischen Vereines für Tirol, von Neumayr (k. k. geol. Reichsanstalt), v. Pichler und v. Schafhäutl, sowie die Arbeiten von Clark, v. Gümbel, v. Hauer, Neumayr, v. Pichler, Prinzinger, v. Richthofen, Sapper, Wähner und v. Wöhrmann. In topographischer Beziehung sind als Hilfsmittel noch besonders zu erwähnen die Arbeiten von H. v. Barth, A. Böhm, H. Buchner, Ch. Gruber, Gsaller, Pfaundler, H. Schwaiger, v. Sonklar und Ad. Schaubach.

Eine erwünschte Ergänzung zur topographischen Karte ist der »Führer durch das Karwendelgebirge« von H. Schwaiger,**) welcher auf Grundlage einer sehr genauen Ortskenntniss alle grösseren Touren und Besteigungen innerhalb der vier Karwendelketten beschreibt und allen, die dieses Gebirge kennen lernen wollen, angelegentlich empfohlen werden kann.

Die nachfolgende geologische Beschreibung des Karwendels stützt sich einerseits auf die Berichte, welche die betreffenden Aufnahms-

---

*) Dieselbe gelangt erst später zur Ausgabe und wird den Mitgliedern auf Bestellung zum Kostenpreis geliefert.
**) München 1888, Verlag der Lindauer'schen Buchhandlung. Preis M. 2.40 .

geologen von ihren Gebieten eingeliefert haben, anderseits auf eigene Begehungen, welche ich theils allein, theils in Begleitung dieser Herren unternommen und durch welche ich mich von der Richtigkeit der tektonischen Auffassung überzeugt habe. Für die Details der Eintragungen auf der Karte sind allerdings vielfach die aufnehmenden Geologen allein verantwortlich. Für den Fleiss und die Ausdauer, mit welcher dieselben ihre Arbeit ausgeführt haben, will ich auch hier denselben nochmals meinen Dank aussprechen.

Eine nicht minder wichtige und zeitraubende Aufgabe war die Bearbeitung und Bestimmung der reichlich gesammelten Versteinerungen, die unter Leitung von Professor v. Zittel vollendet, ebendadurch für die Sorgfältigkeit der Ausführung hinreichende Sicherheiten gewährt.

Dem freundlichen Entgegenkommen der Herren Prof. Dr. Carl Haushofer und Hauptmann Freiherrn v. Prielmayer, sowie den Photographen Johannes in Partenkirchen und Reithmayr in Tegernsee verdanken wir die landschaftlichen Bilder, welche dem Text beigegeben sind.

Wie eine Landschaft, von Ferne mit einem Blick überschaut, die Einzelheiten ihrer Gelände und die Geheimnisse ihrer Schluchten und Thäler nur allmählich dem unermüdlichen Wanderer offenbart, so erschien auch der geologische Bau des Karwendels in seinen grossen Zügen einfach und klar, überraschte uns aber durch Unregelmässigkeiten und Verwickelungen immer mehr, je tiefer wir einzudringen versuchten. Wenn wir jetzt schon rasten und in gemeinsamer Arbeit Neugesehenes veröffentlichen, so vermeinen wir damit Nichts abzuschliessen und überlassen die Wege zu noch tieferem Eindringen gern denen, die nach uns kommen.

Zur Stratigraphie.

Um für den Bau und die Entstehung des Karwendels ein Verständniss zu erlangen, ist vor allen Dingen eine genaue Kenntniss der Gesteinschichten dieses Gebirges erforderlich, und zwar nicht etwa blos nach ihrer mineralischen Beschaffenheit — ob Kalkstein, Dolomit, Mergel u. s. w. —, sondern auch nach ihrem Alter, welches mit Sicherheit nur aus den Versteinerungen erkannt wird. Glücklicher Weise kann dieses Bedürfniss leicht befriedigt werden. Die Schichten, welche sich an dem Aufbau des Karwendels betheiligen, verdanken alle ihren Ursprung Meeresablagerungen, welche sich durch die Perioden der Trias, des Jura und der unteren Kreide in gleichförmiger Weise übereinander abgesetzt und jeweilig Meeresbewohner ihrer Periode in sich eingeschlossen haben. Aus der Zeit der jüngeren Kreide und des Tertiärs fehlen unserem Gebiete Ablagerungen, und die jüngsten der Diluvialzeit und Gegenwart haben sich schon auf dem Gebirge gebildet, betheiligen sich also nicht an dessen Aufbau, da sie vielmehr Ergebnisse der langsam vorschreitenden Zerstörung desselben sind.

Die zeitliche Aufeinanderfolge der Meeresablagerungen ist zugleich in einem Wechsel der mineralischen und chemischen Beschaffenheit derselben ausgedrückt. Reine Kalksteine oder Dolomite wechsellagern mit Mergeln, Thonen, Salz- und Gypsstöcken und Sandsteinen. Aeusserlich unterscheidet man leicht diese verschiedenartigen Gebilde, oft schon nach landschaftlichen und topographischen Merkmalen, je nach Farbe, Absonderungsformen, Böschungswinkeln und Widerstandsfähigkeit, welche sie der Verwitterung entgegensetzen. Steile Felsgehänge bestehen gewöhnlich aus reinen Kalksteinen und Dolomiten, während sanft geböschte Gehänge meist aus Mergeln oder sandigen Schichten gebildet werden. In jenen pflegen die Wasserläufe als schmale tiefe Risse, in diesen als breite Gräben eingeschnitten zu sein. Gleichwohl würde diese Gesteinsverschiedenheit der einzelnen Schichten ohne eine genaue Kenntniss der Versteinerungen nicht immer genügen, um die Lagerungsverhältnisse in ihrer ungemeinen Gestörtheit und damit den Aufbau des Gebirges richtig zu erkennen. Man würde wahrscheinlich die dunkeln Kalke und Mergel, welche in der oberen Sulzleklamm am Fusse des Muschelkalkes liegen, für die untersten Schichten der Trias halten, wenn ihre Versteinerungen nicht bewiesen, dass sie vielmehr die obersten sind. Umgekehrt möchte man die blauen Kalke und porösen Rauhwacken, die auf den Hochalpe den weissen Wettersteinkalk überlagern, für jüngere, etwa Raibler Schichten nehmen, wenn sie nicht die Versteinerungen des älteren Muschelkalkes einschlössen.

Aus diesen Gründen sollen zunächst die einzelnen Formationsglieder, soweit sie im Karwendel auftreten, nach ihren wesentlichsten Eigenthümlichkeiten geschildert werden, in der nachstehenden Reihenfolge:

Trias: 1. Werfener Schichten (*b*).
2. Myophorien-Schichten (*u*).
3. Muschelkalk (*m*).
4. Partnachschichten (*c*).
5. Wettersteinkalk (*w*).
6. Raibler Schichten (*r*).
7. Hauptdolomit (*h*).
8. Plattenkalk (*p*).
9. Kössener Schichten (*k*).
10. Dachsteinkalk (*d*).
Jura: 11. Lias (*z*).
12. Oberer Jura (*j*).
Kreide: 13. Neocom (*n*).
Quartär: 14. Diluvium und Alluvium (*q*).

Trias.

1. Werfener Schichten. Es sind weisse, grünlich-gelbe, bräunliche und rothe sandige Schiefer und schiefrige bis dünnplattige Quarz-Sandsteine, welche neben den kleinen Quarzkörnchen oft ziemlich viel schwarzen Glimmer (Biotit) führen. Am Stanserjoch fand A. Pichler zahlreiche Abdrücke einer Muschel *(Myophoria costata* Zenker), welche anderwärts (in Thüringen, Schlesien und Polen) als eine bezeichnende Versteinerung des oberen Buntsandsteines, des sogenannten Röth, auftritt. Dabei kam auch der Steinkern eines Schneckengehäuses, der *Natica Gaillardoti* vor. Bei der Pfannenschmiede am Vomperbach stehen dieselben Sandsteine an, aber sie haben bisher noch keine Versteinerungen geliefert.

2. Myophorienschichten. In engster Beziehung zu den Werfener Schichten steht ein mächtig entwickeltes System wechselnder blauer, seltener röthlicher Kalksteine, zelliger und poröser, gelblich-brauner Rauhwacken, dolomitischer Breccien, Mergel, Salzthone, schwarzer und grüner sandiger Schiefer. Ihre Mächtigkeit beträgt mindestens 500 m. Versteinerungen wurden bisher nur in den blauen Kalken besonders da gefunden, wo diese kleine, unregelmässig geformte Poren haben, welche entweder von einem bräunlichen Ueberzug bedeckt oder von bläulichem Flussspath ausgefüllt sind. Es sind fast nur kleine Stielglieder von Seelilien (Crinoideen), Muschelschalen und Schneckengehäuse, unter denen blos zwei Arten wirklich häufig sind: *Myophoria costata* und *Natica Stanensis* Pichler. Als Fundorte sind aufzuzählen: Die Hochalpe, der Bärenlahner, die Bärenwand westlich von Grammai, die Binsalpe gegen die Bärenwand hin, der Falzturn-Waldkopf, der Waldlöwenkopf, die Bärenbad-Alpe nebst Wald, der Ochsenkopf am Stanserjoch, der Bärenkopf und die Plunser-Alm. Die Natica wurde auch in der unteren Sulzleklamm gefunden.

Andere Versteinerungen sind: *Pecten discites* Schloth. von der Hochalpe; *Gervillia mytiloides* Schloth. (syn. Alberti Cred.) Hochalpe; *Gervillia cf. subglobosa* Cred., *Modiola cf. triqueter* Seeb., *Pleuromya Fassaensis* Wism. vom Ochsenkopf; *Naticella costata* Münster, von der Hochalpe; *Holopella cf. gracilior* Schaur. von der Bärenwand, vom Falzturner Waldkopf, Ochsenkopf und von der Bärenbad-Alpe.

Es unterliegt keinem Zweifel, dass diese Kalke dem »Myophorienkalk« des Krakauischen entsprechen, da in letzterem neben den so häufigen, gerippten Myophorienschalen auch die kleinen, 7 mm hohen und 9 mm breiten Gehäuse der *Natica Stanensis* in grossen Mengen (bei Plaza) vorkommen. Dem Alter nach stehen diese Kalke zwischen Buntsandstein und Muschelkalk, letzterem sich in der Gesteinbeschaffenheit eng anschliessend, mit ersterem durch die Gemeinschaft der *Myophoria costata* verknüpft.

Die Lagerungsverhältnisse sind an den beiden Orten, wo Werfener Schichten mit den Myophorienkalken zusammen auftreten, so

gestört, dass man nicht sowohl von einer regelmässigen Ueberlagerung als vielmehr nur von einer allseitigen Begrenzung der
ersteren durch die letzteren sprechen kann. (Siehe Figur 10 u. 19.)

Sicherer ist das Verhältniss zum Muschelkalk, der überall, wo
eine gegenseitige Berührung stattfindet, den Myophorienkalk gleichförmig überlagert und sich dadurch als eine jüngere Bildung ausweist. (Siehe Figur 12, 15, 17.)

Sehr häufig sind die harten, dunkeln Kalksteine dieses Horizontes
zu Breccien zerdrückt, deren einzelne Bruchstücke von Erbsen- bis
zu Kopfgrösse anschwellen können, die aber ein kalkiges und
mergeliges Bindemittel zu einem festen Gestein zusammengefügt
hat. Nicht selten sind die Bruchstücke selbst theilweise oder gänzlich durch spätere Auflösungsvorgänge geschwunden und haben
zwischen dem festen Bindemittel entsprechende Hohlräume hinter-
lassen. Wo das Bindemittel nur schwach entwickelt war und jetzt
in Form dünner Wände die einzelnen Hohlräume umgibt, hat das
ganze Gestein ein weitzelliges Aussehen. Diese grosszelligen Rauhwacken sind nur ein weiterer Entwicklungszustand der Breccien,
welche selbst als Ergebniss des mechanischen Druckes aufgefasst
werden müssen, der bei der Aufrichtung und Zusammenfaltung der
Schichten thätig war und die weicheren und nachgiebigeren Lagen
zusammengefaltet, die härteren spröderen aber zerbrochen hat. Dem
entsprechend treten die Breccien gewöhnlich lagerförmig zwischen
scheinbar ungestörten Mergelschichten auf. Aber eine genaue
Untersuchung lehrt, dass auch letztere starke Umwandlungen er-
fahren haben und, wie Fig. 1 zeigt, zum Theil in die Lagerbreccien
hineingepresst worden sind.

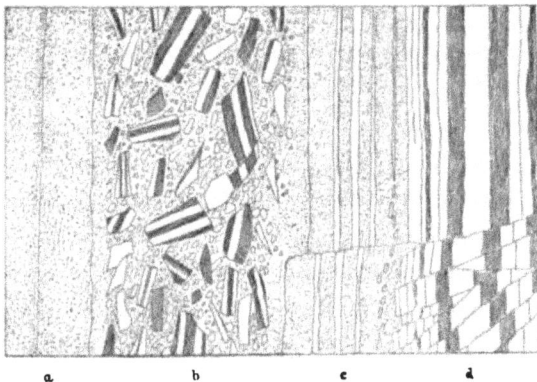

Fig. 1.
Aus der Sulzleklamm oberhalb des Leitersteiges: a) Gelbliche dichte thonige
Mergel. b) Breccie von blau und weisslich gebänderten Mergelkalken mit
Mergelzwischenmasse. c) Gelbliche Mergel wie a mit einzelnen härteren Kalk-
mergelbändern. d) Gebänderte Mergelkalke.

Diese zahlreichen Zerdrückungen in Verbindung mit kleineren und grösseren Schichtenbiegungen und Brüchen, wie sie vorzüglich in der Sulzleklamm aufgeschlossen sind, fallen um so mehr auf, als der nahe Muschelkalk hievon nichts erkennen lässt, und weisen darauf hin, dass diese besondere Aeusserung des gebirgsbildenden Druckes in den Myophorien-Schichten in erster Linie wohl dem Vorhandensein des leichtlöslichen Salzes und Anhydrites zugeschrieben werden muss. Durch die Wegführung dieser bildeten sich kleinere und grössere Hohlräume, in welche die Gesteinschichten gewaltsam hineingepresst und dabei zugleich zerbrochen wurden. Wenn gegenwärtig erheblichere Mengen von Salz und Gyps nur noch bei der Plunser Alpe und bei der Pertisau am Nordostausläufer des Tristlkogels (am Habichel-Köpfl) gefunden werden, so dürfen wir doch wohl annehmen, dass dieselben ursprünglich viel verbreiteter waren.

Im Allgemeinen treten die Salzlager, Rauhwacken und Breccien in den tieferen, die blauen, versteinerungsführenden Kalke in den höheren Lagen dieses Horizontes auf, ohne dass jedoch eine zeitlich scharfe Trennung dieser Bildungen aus der Natur ihres Vorkommens abgeleitet werden könnte. In den blauen Kalken stellen sich nicht selten, besonders an der oberen Grenze gegen den Muschelkalk, dickbankige, feinporöse, licht röthliche Kalksteine ein. Entsprechend seinem hohen Alter streicht dieser Schichtencomplex häufig auf der Sohle der Thäler aus, wie z. B. an den südlichen Ufern des Achensees, im Falzturnthal, am Vomperbach, im Isarthal oberhalb Mittenwald und im Karwendelthal, aber er steigt auch oft in bedeutende Höhen bis zu über 2000 m auf, wie am Kirchle, am Mahnkopf und Sonnenjoch. Am Stanserjoch ist er sogar über den jüngeren Wettersteinkalk in einer Weise emporgeschoben, dass er zu Verwechslungen mit den Raibler Schichten Veranlassung gegeben hat.

3. **Muschelkalk.** Hier herrschen ausschliesslich Kalksteine von grauen, blauen und röthlichen Farben, die von Kieselausscheidungen oft ganz durchspickt sind. Die Gesammtmächtigkeit beläuft sich auf 300 bis 400 m, jedoch gehören davon die obersten 100 m vielleicht nicht mehr zum Muschelkalk. Versteinerungen sind ziemlich häufig. Drei Thierclassen theilen sich in der Weise in den Muschelkalk unseres Gebietes, dass Schnecken nur zu unterst, Kopffüssler zu oberst und Armfüssler in der Mitte vorherrschen, während Muschelthiere, Seeigel und Seelilien mehr gleichmässig auftreten. Es lassen sich danach drei Horizonte recht deutlich unterscheiden.

a) Der Gasteropoden-Horizont besteht aus dünnbankigen blauen, plattigen Kalken, die oft auch wellige, mit unregelmässig geformten, vielgestaltigen Wülsten bedeckte Oberflächen besitzen (»Wurstelbänke«), ferner aus dickbankigeren, theils grauschwarzen Kalken mit kleinen Kieselausscheidungen, theils hellgrauen bis dunklen, spätbigen Crinoideenkalken, die alle zusammen eine Mächtigkeit von etwa 100 m erreichen.

Besonders die dünnplattigen Kalke schliessen stellenweise sehr viele kleine Schneckengehäuse ein, die zumeist der *Natica gregaria* und *Holopella gracilior* angehören. Daneben liegen auch viele Muschelschalen und die zierlichen kleinen Stielglieder von *Encrinus gracilis*, welche in den oberen Schichten dieses Horizontes fast ausschliesslich die dickbankigen späthigen .Kalke zusammenzusetzen scheinen. Bemerkenswerth sind die kleinoolithischen Kalke an der Mittagspitze und das wenn auch seltene Auftreten einer zierlichen Kalkalge (*Gyroporella pauciforata*) in sonst sehr versteinerungsarmem, unterstem Muschelkalk bei Vomperbach.

b) Hierüber folgen mit einer Stärke von gegen 200 m die hellgrauen B r a c h i o p o d e n k a l k e mit ihren Terebrateln, Rhynchonellen, Spirigeren und Spiriferinen in Wechsellagerung mit reinen und dickbankigen Crinoideenkalken, deren Stielglieder zumeist doppelt und dreifach grösser sind als diejenigen des Gasteropoden-Horizontes und neben den kreisrunden auch fünfseitige Querschnitte aufweisen.

In den obersten Lagen dieses Horizontes stellen sich neben den charakteristischen Brachiopoden und Seelilien auch fein gedornte Stacheln von Seeigeln ein. Diese »C i d a r i s b ä n k e« sind besonders gut am Leitersteig und an der Mittagspitze entwickelt und an ihrer gelblichen, sandigen Verwitterungsoberfläche, auf welcher die verkieselten Stacheln hervortreten, leicht zu erkennen.

c) Der A m m o n i t e n - H o r i z o n t ist im Westen unseres Gebietes an dunkelgraue Kalke gebunden, deren grosse, linsenförmig anschwellende Kieselknollen oft zu perlschnurartigen Zügen zusammengewachsen sind. Im Osten sind diese Kalke ärmer an solchen Ausscheidungen, aber reich an grünen Glaukonitkörnern. Neben den charakteristischen alpinen Ammonitenformen findet man, aber an Zahl zurücktretend, auch noch Brachiopoden-Gehäuse. Die Mächtigkeit ist gering und scheint sich an manchen Orten auf wenige Meter zu beschränken.

d) Hierüber liegen zwar noch etwa 100 m mächtige hellgraue, theils dickbankige, theils dünnplattige und an Kieselknollen reiche Kalke, in denen es aber bisher nicht geglückt ist, irgend eine Versteinerung aufzufinden und die darum auch nicht mit Sicherheit als Muschelkalk angesprochen werden dürfen. Auf der Karte sind sie aber nicht von letzterem getrennt worden, da eine sichere Abgrenzung mangels charakteristischer Merkmale keinen praktischen Werth hätte. Bezeichnend ist das Auftreten grüner thoniger Schiefer und grünlicher dünnbankiger glimmer- (Biotit-) reicher Sandsteine mit grünen Hornsteinknollen. Sie bilden aber nur dünne Lagen zwischen dem grauen Kieselkalk, der sammt seinen schwarzen Kieselknollen an manchen Stellen auch roth gefärbt vorkommt. Nach Dr. J a e k e l's Beobachtungen ist diese Röthung secundär und kommt an der Kühkarscharte auch im echten, Versteinerungen führenden Muschelkalk vor.

Nach oben werden die Farben dieser versteinerungsfreien Kalke immer heller, die Kieselknollen verschwinden, und so bildet sich ein ganz allmählicher Uebergang in den massigen weissen Wettersteinkalk heraus. Nur an wenigen Orten schieben sich zwischen Muschelkalk und Wettersteinkalk die Partnachmergel ein, die sonst als durch diese obersten hellgrauen Kieselkalke vertreten angesehen werden können. In diesem Fall würden letztere schon zum untersten Keuper gehören, womit auch ihre petrographische Aehnlichkeit mit den Buchensteiner Kalken und mit denjenigen Kalken spricht, in welchen in den Vilser Alpen echte Cassianer Versteinerungen angetroffen werden.

Hiernach wäre den drei Muschelkalk-Horizonten *a b c* ihre Stellung zwischen oberem Buntsandstein und unterem Keuper angewiesen, und sie würden zusammen den ganzen Muschelkalk vorstellen. Einem Vergleich derselben mit den Gliedern des ausseralpinen deutschen Muschelkalkes, so nahe er uns auch durch die Aehnlichkeit des Gasteropoden-Horizontes mit dem unteren Wellenkalke und des Brachiopoden-Horizontes mit dem oberen Wellenkalke gelegt scheinen mag, stellt sich die bis jetzt noch nicht überwundene Schwierigkeit entgegen, den Nodosus-Horizont des ausseralpinen oberen Muschelkalkes mit dem Ammoniten-Horizont oder irgend einem anderen Gliede der alpinen Facies in Beziehung zu bringen.

Verzeichniss der Muschelkalkversteinerungen.

Fundorte: 1. Sulzleklamm, 2. Lindlahn, 3. Auf dem Damm, 4. Grosser Stein, 5. Bärenalpl, 6. Hochalpe, 7. Untere Thorwand, 8. Johannesthal, 9. Mooserkar, 10. Laliderthal, 11. Gamsjoch, 12. Binsalpe, 13. Grammai, 14. Sonnenjoch, 15. Lamsenjoch (Anstieg), 16. Brunnthalgraben, 17. Tristlalpe, 18. Tristljoch, 19. Tristlkogl, 20. Kleiner Bichel bei Pertisau, 21. Weissbachthal, 22. Mittagspitze, 23. Vomperbach.

	Gasteropoden-	Brachiopoden-	Ammoniten-
		Horizont	
Gyroporella pauciforata Gümbel	23.		
Entrochus dubius Goldf. . . .	. . .	2.	
„ *gracilis* Buch . . .	6. 7. 17.	1. 2. 3. 5. 6. 16. 20.	
„ cf. *liliiformis* Schloth.	. . .	2. 4. 6. 7. 10. 16.	
„ *silesiacus* Beyr. . . .	. . .	6.	
Cidaris lanceolata Schaur. . . .	. . .		
„ *transversa* Meyer . . .	. . .	2. 3. 6.	
Spiriferina fragilis Schloth. . .	. . .	21.	
., *hirsuta* Alb. . . .	. . .	2. 14.	
„ *Mentzeli* Buch . . .	. . .	2. 14.	
Spirigera trigonella Schloth. . .	. . .	2. 3. 4. 6. 7. 16. 22.	2.
Rhynchonella decurtata Gir. . .	. . .	2. 3. 4. 5. 6. 16.	
„ *nov. spec.* . . .	. . .	2. 6. 8. 22.	3.

	Gasteropoden-	Brachiopoden-	Ammoniten-
		Horizont	
Terebratula vulgaris Schloth. .	. . .	2. 6. 7. 9. 14. 22.	3.
Waldheimia angusta Schloth. .	. . .	2. 6. 7. 21. 22.	
Pecten discites Schloth.	. . .	2.	
„ *inäquistriatus* Münst. .	. . .	2. 14.	
Lima cf. costata Münst. . . .	2.		
Modiola sp.	6. 12.		
Gervillia cf. mytiloides Schloth. .	3.		
Myophoria orbicularis Bronn . .	3.		
Natica gregaria Schloth. . . .	1. 2. 12.		
Chemnitzia sp.	1.2.3.6.11.		
Holopella gracilior Schauroth. .	7.11.15.18.		
Pleuronautilus aff. Pichleri Hauer	. . .	. . . . . .	3.
Orthoceras campanile Mojs. . .	. . .	. . . . .	2. 19.
Gymnites sp.	. . .	. . . . .	3.
Arcestes cf. extralabiatus Mojs. .	. . .	. . . . .	5. 13.
Balatonites cf. Ottonis Buch . .	. . .	. . . . .	19.
Monophyllites sphaerophyllus Hauer	. . .	. . . . .	2.
Ptychites flexuosus Mojs. . . .	. . .	. . . . .	2. 3. 19.
Placodus (Zahn)	22.		

4. Partnach-Schichten. Am Thorkopf und Stuhlkopf liegen zwischen Muschelkalk und Wettersteinkalk regelmässig eingeschaltet, in einer Mächtigkeit von 50 bis 100 m, schwarze, knollige, schiefrige Thone im Wechsel mit dunkelfarbigen Kalkbänken, die zum Theil Hornsteinausscheidungen führen. Ausser Stielgliedern von *Pentacrinus propinquus* Münster und einem Anaplophoragehäuse konnten keine nennenswerthe Versteinerungen darin gefunden werden. Offenbar haben wir hier die letzten schwachen östlichen Ausläufer der im Wettersteingebirge so mächtig entwickelten Partnachschichten vor uns. Am Viererjoch bei Mittenwald kommen, ringsum von Wettersteinkalk eingeschlossen, petrographisch ähnliche Gesteine vor mit ähnlichen Pentacrinus-Stielgliedern, einer Anzahl von Terebratelgehäusen, die einer neuen, noch nicht beschriebenen Art angehören, und einem Ammonitenfragment, das zwischen *Trachyceras Aon* und *furcatum* gestellt werden kann. Die Altersbestimmung dieser Schichten ist darum unsicher, da eine Zugehörigkeit zu den Raibler Schichten nicht ausgeschlossen erscheint.

5. Wettersteinkalk. Dieser ungemein gleichförmig, dickbankig bis fast massig entwickelte, weisse Kalkstein ist das charakteristische Gestein des Karwendelgebirges, dessen hohe, schroffe, nackte Felsketten mit ihren silbergrauen Farbentönen fast ausschliesslich aus diesem Gestein bestehen. Im frischen Bruch ist dieser Fels fast stets weiss mit einem Stich ins röthliche, selten nimmt er graue oder wie am Bärenkopf entschieden dunkelblaue Farben an. Wo er hellroth ist, liegt gewöhnlich an das Vorkommen von Erzen gebundene nachträgliche Färbung vor. Die meist dicht erscheinende Kalkmasse wird nicht selten ganz krystallinisch. Die stängelig faserigen Krystalle sind zu eigenthümlichen Bändern angeordnet, die in ihrer viel verschlungenen Gruppirung und in Folge der Querstellung der Kalkfasern dem Gestein bald mehr ein grossoolithisches, bald mehr ein sinterartiges Aussehen verleihen. Von Absonderungsklüften ist der Wettersteinkalk in einer Weise durchsetzt, dass seine wahre Schichtung manchmal fast ganz dadurch verdeckt wird. In den höheren Gebirgslagen nehmen diese Klüfte rasch alles Wasser der atmosphärischen Niederschläge in sich auf und führen es unterirdisch in die Tiefe, wobei es in Form von Quellen zuweilen am Fuss dieser Kalkmassen wieder zu Tage kommt. In Folge dessen sind anhaltende Wasserläufe in den Thälern und Schluchten der höheren Regionen äusserst selten, und die erodirende Kraft der Wasser wirkt hauptsächlich innerhalb der Felsmassen, wo die Klüfte erweitert und oft höhlenartig umgestaltet werden. Aus diesem Grund fehlt in diesen Theilen des Gebirges auch die geschlossene Humusdecke und nur die Latsche (*Pinus montana*) versteht es, stellenweise einen geschlossenen Waldbestand zu bilden.

Schwierig ist es, die Mächtigkeit dieser Bildung zu schätzen, weil die Störungen der regelmässigen Lagerung in den monotonen und schwer zugänglichen Felskaren und an den hohen Steilwänden dem Beobachter leicht verborgen bleiben. Man muss sich vor Ueberschätzungen wohl in Acht nehmen.

Am Südgehänge der Mittagspitze, am Thorkopf, Stuhlkopf und an beiden Falken, wo die liegenden und hangenden Grenzen durch Muschelkalk und Raibler Schichten bezeichnet sind, lassen sich aus der Breite der Ausstrichzone Mächtigkeiten von 300, 500, 700 und 1500 m berechnen, ohne dass wir indessen auch hier vor Täuschungen durch treppenförmige Verschiebungen gesichert wären. Möglich ist ja auch, dass die Stärke dieser Ablagerung grossen Schwankungen unterworfen war. Aber immerhin hat die Annahme einer mittleren Mächtigkeit von 700 m die grösste Aussicht, der Wahrheit am nächsten zu kommen.

Die häufigste Versteinerung dieser Stufe ist eine Kalkalge, welche geradezu gesteinsbildend auftritt; baumförmig verzweigte Corallen, dicke Stiele von Seelilien und sehr dickschalige Schneckengehäuse sind ebenfalls recht verbreitet. Die anderen Arten sind hingegen nur auf einzelne Stellen beschränkt, wenn schon sie an diesen oft in grossen Mengen gefunden werden. Im Allgemeinen trifft man nahe der unteren Grenze die meisten Versteinerungen an. Die blauen Wettersteinkalke zwischen Bärenkopf und Seespitze schliessen sehr gut erhaltene Gyroporellen und Schneckengehäuse ein. Aehnliche kommen, nach der Verbreitung von Lesestücken zu

urtheilen, auch an den Gehängen des Engthales vor. In den oberen
Horizonten, wo das Gestein Neigung zu dünnplattiger Ausbildung
besitzt, sind Erzgänge nicht selten, die sich durch gelblich-braune
Färbungen der Felsen erkennen zu geben pflegen. Bei Mittenwald und in der hinteren Karwendelkette (am silbernen Hansel, im
Knappenwald, in der Heinrichsgrube am Ueberschall und in der
Tausch- und Eisenkollergrube beim Reps) hat man früher Eisen-
spathgänge auf silberhaltigen Bleiglanz und Zinkblende abgebaut
und noch an vielen anderen Orten des Gebirges zu bergmännischen
Versuchen Veranlassung genommen, die aber gegenwärtig alle auflässig sind. Es waren allerwärts nur späthige Trümmer mit wenig
eingesprengtem Bleiglanz und Blende, auch etwas Flussspath.

Verzeichniss der Versteinerungen des Wettersteinkalkes.

Gyroporella annulata, Schafh., fast allerorten. Besonders schön: am Weg
von Mittenwald zur Karwendelspitze, Viererjoch, Kirchle, Brunnenstein, Hoch-
alpe, Ladiz, Gumpen, Mittagspitze, Bettlerkarspitze, Seespitze. — *Cidaris*-
Stacheln. Gumpen. — *Entrochus* (cf. *Encrinus*) Sulzleklamm, auf dem
Damm, Tiefkar, Ladiz, Tristlkogl. — *Entrochus* (cf. *Porocrinus caudex* Dit-
mar) Filzwand. — *Rhynchonella n sp.* Sulzleklamm. — *Terebratula sp.*
Sulzleklamm, Filzwand, Gamsjoch, Rosskopf. — *Pecten subalternans* Ortb.,
Kirchle. — *Pecten sp.* Hochalpe. — *Lima sp.* Filzwand. — *Monotis salinaria*
Bronn, Hochalpe. — *Turbo* (*Trachydomia*) *aff. depressus* Hoernes Seespitze
in blauen W. K. — *Chemnitzia sp.* Sulzleklamm, Rosslahn, Pleissen, Kienleiten,
Oedkar, Georgenberg, Seespitze. — *Aulacoceras sp.* Kirchle. — *Orthoceras sp.*
Brunnenstein, Ladiz. — *Phylloceras cf. Jarbas* Münst., Sulzleklamm. —
Cladiscites cf. tornatus Bronn Ladiz. — *Pinacoceras sp.* Ladiz. — *Arcestes
sp.* Kirchle.

6. Die **Raibler Schichten** sind mitten in den Felspartien des
Wettersteinkalkes und Hauptdolomites eine angenehme Abwechslung.
In dem wilden Geschröfe dieser markiren sie sich entweder als
schmale grüne Streifen, die Gemsen und Bergsteigern gleich beliebt
sind, oder sie bilden gangbare Scharten in Felsketten, die sonst einen
Uebergang nicht gestatten würden. Dem durstigen Wanderer bieten
sie fast stets kühles Quellwasser als Erfrischung, dem Geologen
aber sind sie die wichtigsten Wegweiser durch das Labyrinth alpinen
Gebirgsbaues.

Es sind abwechselnd schwarze Thone, graue und sandige Schiefer
und Mergel, graue und blaue, von Schalenresten erfüllte Kalke,
weisse Kalke mit Hornsteinausscheidungen, dolomitische Kalke und
Dolomite, die in poröse Rauhwacken und Breccien übergehen.

Ihre Gesammtmächtigkeit beläuft sich auf 100 m. Nach der
Vertheilung der häufigsten Versteinerungen kann man eine Reihe
von Horizonten unterscheiden: Die Cardita-, die Austern-, die Penta-
crinus-Bänke und die Megalodon-Kalke. Besonders schön findet man
sie in dem Zug am Haller Anger entwickelt. In den nördlicheren
Theilen unseres Gebietes sind die versteinerungslosen Rauhwacken
oft in einer Weise vorherrschend, dass man die anderen Horizonte
entweder nur zum Theil oder gar nicht mehr nachweisen kann. Es

spricht dies dafür, dass letztere keine Bildungen von grösserer Ausdehnung und Tragweite sind, womit auch in Uebereinstimmung steht, dass ihre Aufeinanderfolge an den verschiedenen Orten eine verschiedene ist. So liegt am Haller Anger der Cardita-Horizont unter den Austernbänken und am Ueberschall über diesen der Megalodonkalk, während am Lerchenstock letzterer zu unterst und Cardita- und Austernbänke mit einander vereint erscheinen. Bei der Erzgrube liegen ebenso die Pentacrinusstielglieder im selben Lager wie die Carditaschalen, während beide am Lerchenstock noch zeitlich von einander getrennt sind.

Verzeichniss der Versteinerungen der Raibler Schichten.

Fundorte: 1. Erzgrube bei Mittenwald, 2. Lerchenstock am Predigtstuhl, 3. Hintere Kammleiten, 4. Bärnfall beim Bärnalpl, 5. Nordfuss des Schlichten, 6. Thorthal, 7. Stuhlkopf, 8. Johannesthal, 9. Falken, 10. Rosskopf, 11. Melanser Alpe (Vomperloch), 12. Südl. Ausläufer der Plattenspitze, 13. Ueberschall, 14. Reps am Haller Anger, 15. Südseite des Sundiger.

Colospongia pertusa Klipst. 2. 14. — *Encrinus granulosus* Münst. 1. 13. 15. — *Pentacrinus propinquus* Münst. 1. 14. 15. — *Pentacrinus tirolensis* Laube 2. 13. — *Astropecten Pichleri* Wöhrm. 11. 15. — *Cidaris dorsata* Braun 13. — *Cidaris Gümbeli* Wöhrmann 4. 5. 13. — *Ceriopora spongites* Münster 11. 13. 15. — *Spiriferina gregaria* Suess 15. — *Thecospira Gümbeli* Pichler 13. 14. 15. — *Terebratula Bittneri* Wöhrm. 2. 5. 13. — *Ostrea montis caprilis* Klipst. 1. 2. 4. 5. 6. 7. 9. 10. 13. — *Placunopsis fissistriata* Winkl. 2. 6. 13. — *Lima incurvostriata* Gümb. 1. 2. 13. — *Pecten filosus* Hauer 13. — *Pecten Hallensis* Wöhrm. 2. 3. 11. — *Pecten subalternans* Münst. 13. — *Avicula aspera* Pichler 3. 4. 13. — *Cassianella Sturi* Wöhrm. 13. — *Gervillia Bouei* Hauer 13. 14. — *Hoernesia Johannis Austriae* Klipst. 13. — *Dimya intustriata* Emm. 13. 14. 15. — *Mytilus alpinus* Gümb. 13. — *Macrodon strigillatum* Münst. 2. 14. — *Myophoria fissidentata* Wöhrm. 13. — *Myophoria Whateleyae* Buch 2. — *Gruenwaldia decussata* Münst. 11. 13. 14. 15. — *Myophoriopsis lineata* Wöhrm. 13. — *Astarte Rosthorni* Hauer 13. — *Anoplophora recta* Gümb. 13. — *Cardita crenata var. Gümbeli* 1. 2. 6. 9. 10. 11. 13. 14. 15. — *Fimbria Mellingi* Hauer 3. 5. 6. 7. 8. 9. 11. 13. 14. — *Dentalium arctum* Pichler 13. — *Dentalium undulatum* Münst. 13. — *Loxonema binodosa* Wöhrm. 13. — *Melania multistriata* Wöhrm. 13. — *Scalaria fenestrata* Wöhrm. 13. — *Megalodon sp.* 2. —

7. Der **Hauptdolomit** bedeckt mit einer Mächtigkeit von 200 bis 500 m die Raibler Schichten. Sehr arm an Versteinerungen aber von äusserst gleichförmiger Gesteinsentwicklung, stellt er einen leicht erkennbaren Horizont dar, der mit ermüdender Einförmigkeit, besonders im Norden unseres Gebietes, oft weite Strecken ganz allein aufbaut.

In seiner typischen Ausbildung ist er ein dünnbankiger, licht gelblicher bis bläulichgrauer Dolomit mit wechselndem Kalk- und Bitumengehalt und dichtem bis feinkrystallinischem Gefüge. Gewöhnlich besitzen die Gesteinsbänke keinen festeren inneren Zusammenhalt, weil sie von zahlreichen, meist mit weissem Kalkspath

ausgefüllten Klüften und Klüftchen nach allen Richtungen durchsetzt sind und deshalb, nach Auflösung dieses Kalkspathes, leicht
in kleine unregelmässig polygonale Stückchen zerfallen. Als Bau-
steine sind sie darum gar nicht zu benutzen, sie liefern aber zur
Beschotterung der Wege ein recht gutes Material.

Lagenweise nimmt der Kalkgehalt manchmal so sehr zu, dass
der Dolomitcharakter ganz verschwindet. Gewöhnlich stellt sich in
solchen Fällen ein starker Bitumengehalt ein, so dass das Gestein
zu einem »Stinkkalk« wird. Waltet das Bitumen noch mehr vor, so
bilden sich Asphaltschiefer aus, wie sie im Oelgraben technische
Verwerthung gefunden haben und auch im Fischbach und Fermersbach vorkommen. In der Breitlahn am Achensee haben sie sogar
zu einem natürlich erfolglosen Versuchsbau auf Steinkohle Veranlassung gegeben. Der Dolomit wird an solchen Stellen sehr
dünnbankig und zwischen den einzelnen Bänken stellt sich ein
mehr oder minder starker schwarzer Belag von Asphaltschiefer ein,
wodurch das Gestein auf dem Querbruch ein gebändertes Aussehen
erhält. Stellenweise schwellen diese Asphaltzwischenlager zu einer
Mächtigkeit von 2 dm im Wandgraben des Fermersbachthales, von
6 dm in der Breitlahn, und sogar bis zu 2 m im Oelgraben an.

Versteinerungen innerhalb des Hauptdolomites hat bisher nur
dieser Schiefer geliefert, welcher sehr viele Fischschuppen einschliesst.
Im Oelgraben kamen früher Fischreste von *Eugnathus insignis*
Kner, *Lepidotus ornatus* Ag., *Semionotus Bergeri, latus* und *striatus*
Ag. und Coniferenzweige (*Cupressites alpinus* Gümbel) vor, von
denen einer auch durch A. v. Pichler auf einem losen Dolomitblock
im Pletzachthal angetroffen worden ist.

8. **Der Plattenkalk.** Oft ganz unmerklich geht der Hauptdolomit im Hangenden in Kalksteine über, die ihm in Gefüge, Farbe
und Zerklüftung so sehr gleichen, dass eine sichere Unterscheidung
mit blossem Auge nicht immer möglich ist. Hier, wie in allen
ähnlichen Fällen, kann dem aufnehmenden Geologen nicht genug
der Gebrauch der Salzsäure anempfohlen werden, welche mit frischem
Bruch des Gesteines in Berührung gebracht, bei Kalkstein lebhaft,
bei Dolomit aber gar nicht oder doch nur sehr wenig aufbraust.
Salzsäure ist in den Kalkalpen dem Geologen ebenso unentbehrlich,
wie es Hammer und Compass sind.

Diese Kalksteine sind gewöhnlich durch dünnplattige Absonderung ausgezeichnet, besonders im Westen unseres Gebietes
stellen sich aber auch dickbankige Varietäten ein, zwischen welchen
sich dünne mergelige Lagen einzuschieben pflegen. Die Mächtigkeit
derselben schwankt zwischen 50 und 300 m.

Mit dem Dachsteinkalk haben sie durch das Vorkommen grosser
Megalodonten und hellfarbiger, dicker Kalkbänke viel Verwandt-
schaft. Da aber gerade in unserem Gebiete über den Kössener
Schichten echter Dachsteinkalk vorkommt, der sich durch den

Mangel von Mergelzwischenlagen deutlich von den Kalken unter den Kössener Schichten unterscheidet, so ist für letztere der Name Plattenkalk als sehr bezeichnend beizubehalten. Nur darf man mit diesem Worte nicht den Begriff einer besonderen Stufe verbinden. Plattenkalk, Kössener Schichten und Dachsteinkalk sind alle drei nur verschiedene Facies der rhätischen Periode, welche der Keuperperiode ebenso nachfolgte, wie die Muschelkalkperiode dieser vorausging. Den Hauptdolomit kann man je nach Belieben noch zum Keuper, oder schon — und vielleicht mit mehr Recht — zum Rhät stellen, in welchem Sinne er von österreichischen Geologen auch als Dachsteindolomit bezeichnet worden ist.

Am schönsten aufgeschlossen und entwickelt ist der Plattenkalk im Soiernkessel, woselbst Dr. Reis nachstehende Gesteinfolge von oben nach unten beobachtet hat: 12 Lithodendronkalke; 11 Megalodonbänke; 10 Kalkbank mit Muschelschalen; 9 Kalkbank mit grossen Schneckengehäusen; 8 Megalodonbank; 7 Mergelschiefer mit Muscheln und Schnecken; 6 Dünne Kalkplatten mit *Avicula contorta;* 5 Muschelbreccie mit Schalen von *Megalodon* und *Cardita austriaca,* grossen Schneckengehäusen von *Naticopsis* und der kleinen *Holopella alpina;* 4 Dunkle plattige Kalke mit Holopella, Brachiopoden und Muschelfragmenten; 3 Hellfarbige Kalke mit *Gervillia praecursor* und *Holopella alpina;* 2 Hellgelbe, dolomitische Kalkplatten mit *H. alpina;* 1 Kalkbänke mit dünnen schwarzen Mergelzwischenlagen.

Verzeichniss der Plattenkalk-Versteinerungen.

Anomia Schafhäutli Winkl. Soiern; *Avicula contorta* Portl. Soiern; *Gervillia praecursor* Quenst. Soiern; *Cardita austriaca* Hauer Soiern; *Myophoria Isosceles* Stopp. Soiern; *Megalodon triqueter* Wolf. Steinkarspitze; *Megalodon gryphoides* Gümb. Soiern; *Holopella (Rissoa) alpina* Gümb. Fonsjoch, Leckbach, Hinterriss, Scharfreiter, Soiern; *Turritella Zitteli* Schäfer Hinterriss; *Naticopsis (Trachydomia) ornata* Schäfer Scharfreiter, Soiern.

9. Die **Kössener Schichten** unterscheiden sich von den liegenden Plattenkalken durch ihre dunkleren Farben, das Vorherrschen leicht verwitternder, thoniger Mergel und den Wasserreichthum, welcher in Folge dessen die flachen Böden und Terrassen, auf denen diese Schichten ausstreichen, auszeichnet. Es ist ein System wechsellagernder, mehr oder minder dicker, dunkelblauer Kalkbänke und oft mehrere Meter starker Lagen von Mergel und Thonen, die zusammen die Mächtigkeit von 20 bis über 150 m erreichen. Der Versteinerungen sind viele, aber gewisse Arten pflegen zusammen, andere nur von einander getrennt vorzukommen. So kann man unter den Kalkbänken: Crinoideen-, Oxycolpos-, Rhynchonellen- und Korallenkalke, unter den Mergeln: Choristoceras- und Carditamergel unterscheiden. Aber eine bestimmte zeitliche Aufeinanderfolge kommt denselben nicht zu, sie wechselt vielmehr an den verschiedenen Orten und zeigt vielerlei Variationen. Am Fonsjoch haben Dr. Clark und C. Schwager folgendes Profil beobachtet (siehe Fig. 2):

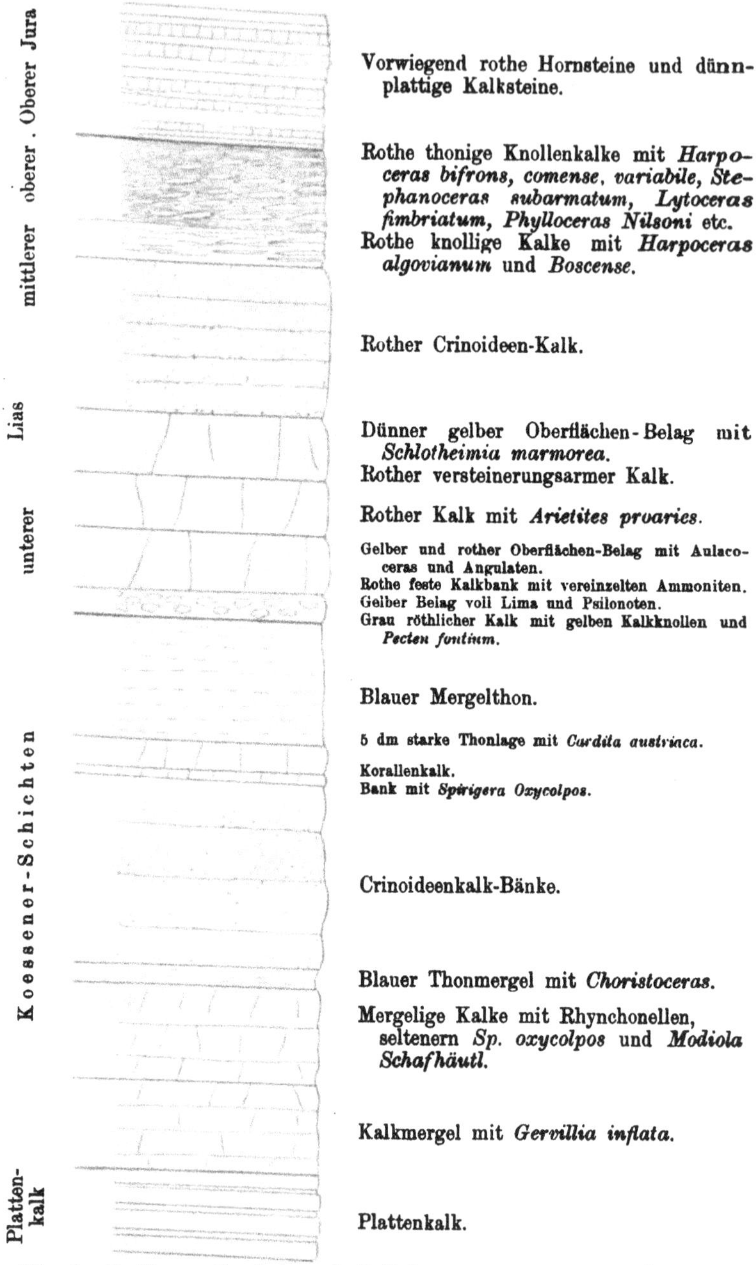
Oberer Jura
mittlerer oberer
unterer Lias
Koessener-Schichten
Platten-kalk
Vorwiegend rothe Hornsteine und dünnplattige Kalksteine.
Rothe thonige Knollenkalke mit *Harpoceras bifrons, comense, variabile, Stephanoceras subarmatum, Lytoceras fimbriatum, Phylloceras Nilsoni* etc.
Rothe knollige Kalke mit *Harpoceras algovianum* und *Boscense.*
Rother Crinoideen-Kalk.
Dünner gelber Oberflächen-Belag mit *Schlotheimia marmorea.*
Rother versteinerungsarmer Kalk.
Rother Kalk mit *Arietites proaries.*
Gelber und rother Oberflächen-Belag mit Aulacoceras und Angulaten.
Rothe feste Kalkbank mit vereinzelten Ammoniten.
Gelber Belag voll Lima und Psilonoten.
Grau röthlicher Kalk mit gelben Kalkknollen und *Pecten fontium.*
Blauer Mergelthon.
5 dm starke Thonlage mit *Cardita austriaca.*
Korallenkalk.
Bank mit *Spirigera Oxycolpos.*
Crinoideenkalk-Bänke.
Blauer Thonmergel mit *Choristoceras.*
Mergelige Kalke mit Rhynchonellen, seltenern *Sp. oxycolpos* und *Modiola Schafhäutl.*
Kalkmergel mit *Gervillia inflata.*
Plattenkalk.

Fig. 2. Profil vom Fonsjoch nach C. Schwager. (1 : 250 nat. Grösse.)

7. Carditamergel mit *Cardita austriaca*; 6. Korallenkalk; 5. Oxycolposkalke mit *Spirigerina oxycolpos*; 4. Crinoideenkalk; 3. Choristocerasmergel; 2. Rhynchonellenkalk mit seltener *Spirig. oxycolpos*; 1. Mergel mit *Gervillia inflata.*

Bei der Vereinsalpe unterscheidet Herr S c h w a g e r: 4. Carditamergel; 3. Oxycolpos- und Rhynchonellenkalke; 2. Choristocerasmergel; 1. Kalke und Mergel mit *Gervillia inflata.*

Im oberen Marmorgraben ist nach R e i s und S c h w a g e r die Reihe folgende: 7. Choristoceraskalk (1,5 m); 6. leere Mergel (4 m); 5. Kalk mit *Leda* und *Rhynchonella cornigera* (1 m); 4. leere Mergel (3 m); 3. Oxycolpos- und Rynchonellenkalk (2 m); 2. Choristocerasmergel (5 m); 1. Kalke und Mergel mit *Gervillia inflata.* .

Man ersieht hieraus, dass zwar Schicht 1 überall sich gleich bleibt; aber schon 2. des Fonsjoches fehlt beim Marmorgraben und bei der Vereinsalpe, während die Mergel 7. des Fonsjoches mit 4. der Vereinsalpe übereinstimmen, aber am Marmorgraben durch den oberen (7.) Choristoceraskalk vertreten zu werden scheinen. Bemerkenswerth ist, dass den unteren Gervillia- und den obersten Cardita-Schichten Brachiopoden fast gänzlich fehlen. Die zwischenliegenden anderen Schichten sind durch Führung der Ammoniten und Brachiopoden charakterisirt. Bivalven fehlen ihnen zwar nicht, doch sind die nachfolgend aufgezählten Arten fast ausschliesslich auf die Gervillia- und Cardita-Schichten beschränkt: *Avicula contorta* und *Koessenensis, Cardita austriaca, Gervillia inflata, Lima spinosostriata* und *Myophora postera.*

Versteinerungen der Kössener Schichten.

Thamnastraea rectilamellosa Wkler. Seitengraben (Hinterriss); *Lithodendron clathratum* Emmrich Markgraben, Marmorgraben, Seitengraben, Vereinsalpe; *Hypodiadema Desori* Stopp. Plunserjoch, *Lingula Suessi* Stopp. Marmorgraben; *Thecidea Emmrichi* Gümb. Marmorgraben; *Terebratula gregaria* Suess. Kleinkarl, Marmorgraben, Schönwaldgraben; *Terebratula pyriformis* Suess Schönwaldgraben, Marmorgraben, Vereinsalpe; *Waldheimia norica* Suess Marmorgraben, Schönwaldgraben Vereinsalpe; *Rhynchonella cornigera* Schafh. Fonsjoch, Marmorgraben; *Rhynchonella fissicostata* Suess Fonsjoch, Marmorgraben, Kleinkarl, Schönwaldgraben, Vereinsalpe; *Rhynchonella subrimosa* Schafh. Markgraben, Marmorgraben, Gütenbergjoch, Vereinsalpe, Leckbach; *Spiriferina Emmrichi* Suess Marmorgraben, Vereinsalpe, *Spiriferina Jungbrunnensis* Petzold (= *uncinata* Schafh.) Marmorgraben, Seitengraben, Vereinsalpe, Vomperbach; *Spirigera oxycolpos* Suess Marmorgraben, Sulzleklamm, Telpø, Vereinsalpe, Vomperbach, Fonsjoch; *Ostrea rhaetica* Gümb. (= *Koessenensis* Wkler) Binsjoch, Vomperjoch (Mahdgraben); *Pecten Foipiani* Stopp. Marmorgraben; *Lima praecursor* Quenst. Kleinkarl, Marmorgraben, Vereinsalpe, Vomperbach; *Lima spinosistriata* Gümbel, Seitengraben; *Dimya intusstriata* Emmr. Marmorgraben, Plunserjoch, Sulzleklamm, Vereinsalpe; *Placunopsis fissistriata* Schönwaldgraben, Vereinsalpe; *Mytilus minutus* Gold. Gütenberg, Marmorgraben, Plunserjoch, Vereinsalpe; *Modiola gregaria* Stopp. Kleinkarl; *Modiola Schafhäutli* Stur. Marmorgraben, Fonsjoch, Vereinsalpe; *Lithophagus faba* Wkler Vomperbach; *Avicula contorta* Portl. Marmorgraben, Leckbach,

Stuhlbach, Telps, Vereinsalpe, Vomperbach, Vomperjoch (Mahdgraben); *Avicula Koessenensis* Ditmar Fonsjoch, Sulzleklamm, Stuhlbach, Vereinsalpe; *Cassianella speciosa* Merian. Fonsjoch, Marmorgraben, Vereinsalpe; *Gervillia inflata* Schafh. Fonsjoch, Leckbach, Marmorgraben, Schönwaldgraben, Vereinsalpe, Vomperbach; *Gervillia praecursor* Quenst. Bärengraben, Marmorgraben, Plunserjoch, Schönwaldgraben, Sulzleklamm, Vereinsalpe; *Arca pumila* Ditm. Vereinsalpe; *Leda percaudata* Gümb. Vomperbach, Vomperjoch (Mahdgraben); *Myophoria Emmrichi* Wkler Plunserjoch; *Myophoria postera* Quenst. Vereinsalpe; *Cardita multiradiata* Ditm. Juifen, Marmorgraben, Vereinsalpe; *Cardita austriaca* Hauer Fonsjoch, Leckbach, Marmorgraben, Stuhlbach, Vereinsalpe, Vomperbach; *Cardium rhaeticum* Merian Marmorgraben, Vereinsalpe; *Cardium cloacinum* Quenst. Gütenberg, Sulzleklamm; *Pholadomya lagenalis* Schafh. Vereinsalpe; *Myacites Escheri* Wkler Plunserjoch; *Anatina Suessi* Opp. Marmorgraben; *Discohelix tricarinatus* Martin Fonsjoch; *Pleurotomaria alpina* Wkler Marmorgraben; *Nautilus multisinuosus* Gümb. Vereinsalpe; *Choristoceras rhaeticum* Gümbel Fonsjoch, Marmorgraben, Vereinsalpe; *Acrodus minimus* Ag. Schönwaldgraben.

10. Dachsteinkalk. Nur an einer Stelle unseres Gebietes — von der Pasilalpe im Oberauthal bis zur Mooseralpe bei der Zunderspitze — ist über den Kössener Schichten eine Ablagerung reinen weissen Kalkes gebildet worden, welche sich durch Führung von *Megalodon triqueter* und grossen Stücken lithodendronartiger Corallen noch als zum Rhät gehörig ausweist. Am »Kirchel« schwillt sie bis zu einer Mächtigkeit von 100 m an, läuft dann aber nach Norden bald aus.

Jura.

Wir können sechs verschiedene Horizonte in dieser Formation unterscheiden, welche sich gleichförmig überlagern und keinerlei Unregelmässigkeiten zeigen, welche auf eine Discordanz oder eine zeitliche Unterbrechung der Ablagerungen während dieser Formationsperiode schliessen liessen. Gleichwohl fehlen alle mittleren Glieder der Juraformation in unserem Gebiete gänzlich, nemlich der ganze Dogger und die unterste Stufe des Malm. Es ist das eine Erscheinung, die innerhalb der Alpen sehr verbreitet ist und zu den merkwürdigsten Eigenthümlichkeiten des alpinen Jurabezirkes gehört.

Die Mächtigkeit dieser Schichten unterliegt nicht unbedeutenden Schwankungen. Es liegen eine Reihe genauer Messungen vor, insbesondere im Lias. Die Hornstein- und Aptychen-Schichten des Oberen Jura sind schwer zu messen, weil der Mangel scharf begrenzter Horizonte es oft unmöglich macht, Wiederholungen in Folge von Biegungen und Verwerfungen genau zu controliren, so dass leicht die Mächtigkeit derselben überschätzt wird.

Nachfolgende Tabelle gibt eine Zusammenstellung der Messungen von Dr. R e i s im Marmorgraben, Herrn S c h w a g e r am Fonsjoch und Herrn Dr. S a p p e r am Juifen.

	Unterer	Mittlerer	Oberer	Gesammt-Lias	Ober-Jura
		Lias			
Marmorgraben	8	6—10	2	16 20	20—100
Fonsjoch	7	6	3	16	Hornst. | Aptych.
Pitzgrat	35	31	12	78	335 | 520
Rothwand Hochalpe	40	>26	19	>85	130 | ?
„ Niederalpe	>20	>95	26	.141	116 | ?
Dollmannsgraben	95	30	25	150	

Marmorgraben und Fonsjoch sind sehr reich an liasischen Versteinerungen, und obwohl beide Orte um 27 km von einander entfernt sind, so ergaben sie doch fast gleiche Mächtigkeit des Lias, während die anderen Orte nur 8 bis 10 km vom Fonsjoch abliegen, arm an Versteinerungen sind, aber vier- bis achtfache Mächtigkeit aufweisen. Es scheint danach die Mächtigkeit im umgekehrten Verhältniss zum Reichthum an gut erhaltenen Versteinerungen zu stehen. Der vortreffliche Erhaltungszustand der letzteren schliesst von vornherein die Annahme aus, dass die geringere Mächtigkeit am Marmorgraben und am Fonsjoch Folge von Zerrungen und Auswalzungen wäre, die während der Schichtenaufrichtung und Zusammenfaltung stattgefunden hätten.

11. **Lias.** Gewöhnlich heben sich die Liaskalke mit ihren rothen, weissen und gelblichen Farben recht auffallend von den schwarzen Thonen und bläulichen Mergelkalken der Kössener Schichten ab. Im oberen Marmorgraben jedoch fällt die Grenze zwischen Trias und Jura nicht mit dieser scharfen Gesteinsgrenze zusammen. Unter den harten, rauhen gelblichen Liaskalkbänken liegen 2 bis 4 Meter mächtige graue Mergelkalke, welche den liegenden Kössener Mergelkalken völlig gleichen, aber eine rein unterliasische Fauna von Brachiopoden und Bivalven einschliessen, die leicht auswittern und beim Aufsammeln auf secundärer Lagerstätte in den kleinen Wasserrissen oder auf den Schutthalden mit echt Kössener Arten zusammen erhalten werden. Solche Mischfauna existirt aber in Wirklichkeit nicht.

a) **Unterster Lias (α).** Die untersten, 7 bis 8 Meter starken, gelblichen und rothen Kalke sind gewöhnlich ziemlich reich an Versteinerungen, die alle dem Alter nach zu Lias α Schwabens gehören. Im Marmorgraben walten Brachiopoden vor, unter denen besonders *Rhynchonella gryphitica* leitend ist. Am Juifen scheinen sie sehr selten zu sein, dafür tritt dort eine Bank mit *Lima punctata* auf, die auch am Schleimser- und Fonsjoch vorhanden ist, wo aber die Ammoniten an Menge Alles übertreffen. Am Fonsjoch ist es möglich, noch weiter zu gliedern. (Siehe Fig. 2.) Zu unterst liegen etwa 1 Meter stark grau-röthliche Kalke mit gelben Kalkknollen, die durch glatte Pectenschalen charakterisirt sind, deren unterer Rand fast rechtwinklig nach innen eingeknickt ist. Diese noch nicht beschriebene, mit *Pecten calvus* verwandte Art könnte *Pecten fontium* benannt werden. Hier schon stellen sich Ammoniten ein, die aber in der unmittelbar darüber folgenden kaum einige Finger breiten Schicht geradezu gesteinsbildend werden. Es sind vorwiegend Psilonoten: *Psilonoceras planorbis Naumanni, calliphyllum, Schlotheimia subangularis* und *Phylloceras psilomorphum*; daneben aber zahlreiche Schalen von *Lima punctata, succincta, Avicula sinemuriensis, Terquemia Electra* u. s. w. Darauf folgt eine rothe Kalkbank von 2 Meter Stärke, in welcher sich mehr Angulaten *(Schlotheimia)* hinzugesellen und in der *Psiloceras Johnstoni* das Maximum seiner Häufigkeit erreicht. Doch sind Versteinerungen hier viel seltener als in dem dünnen Belag, welcher oben aufliegt und voll Angulaten *(Schloth. angulata, sebana, extracostata, Frigga)* und Aulacoceraten, sowie Schalen von *Pecten textorius, subreticulatus, Ostrea navicella, Cardita subquadrata*, und Gehäusen von *Pleurotomarien* steckt. Auch gekielte Arieten stellen sich ein, sind aber zumeist in den hangenden rothen Kalken zu Hause *(Arietites proaries)*. Noch weiter oben und nahe den Crinoideenkalken liegt *Schlotheimia marmorea.* Man kann also 5 Horizonte unterscheiden: Planorbis- und Limen-Zone, Johnstoni-Zone, Angulaten-Zone, Arieten-Zone und Marmorea-Zone, von denen aber am deutlichsten durch Reichhaltigkeit der Versteinerungen nur der Planorbis- und Angulaten-Horizont hervortreten. Am Juifen schliessen den untersten Lias nach oben 20 bis 80 Meter mächtige graue Kalke ab, die voll schwärzlicher und gelber Hornsteine stecken, aber nur undeutliche Versteinerungen (Arieten und Phylloceraten) einschliessen. Da über ihnen mittlerer Lias folgt, so rechnet man sie am besten noch zum unteren Lias.

b) Unterer Lias der Hierlatz-facies. Rothe und weisse, an Crinoideenstielgliedern reicheKalke stellen sich über jenen untersten Liasschichten ein und führen im Marmorgraben und der Umgebung der Vereinsalpe Brachiopoden, unter denen *Rhynchonella belemnitica, plicatissima* und *Waldheimia subnumismalis* leitend sind. Wo bestimmbare Versteinerungen in den Crinoideenkalken fehlen, bleibt es zweifelhaft, ob man sie noch hierher oder schon zum mittleren Lias rechnen soll.

c) Der mittlere Lias. Am Juifen und bei der Pasil-Alpe sind es Crinoideenkalke, die neben seltenen Ammoniten am Juifen hauptsächlich aus Theilen des *Apiocrinus amalthei* bestehen, bei der Pasil-Alpe aber die charakteristische *Terebratula Aspasia* führen. Bis meterstarke rothe Crinoideenkalkbänke wechsellagern dort mit Bänken von lichtröthlich weisser Farbe und ebensplitterigem Bruch, welche aber frei von Versteinerungen sind und zu Verwechselungen mit dem in der Nähe anstehenden weissen Dachsteinkalk Veranlassung geben könnten, wenn nicht ihre Einlagerung im Lias ganz deutlich zu beobachten wäre.

Am Fonsjoch lagern über den 5 Meter starken Crinoideenkalken, welche als Vertreter der Aspasiabänke der nahen Pasil-Alpe und vielleicht gleichzeitig auch als solche der Hierlatzkalke angesehen werden können, noch 1 bis 2 Meter rothe Knollenkalke mit mittelliasischen Ammoniten *(Harpoceras Algovianum* und *Boscense)*; dieselben sind petrographisch fast nicht von den hangenden, etwas thonreicheren oberliasischen Knollenkalken zu unterscheiden.

d) Der obere Lias. Es sind 3 bis 25 Meter mächtige, rothe, breccienartige Knollenkalke mit tiefrothen Mergelschiefern, in denen gut erhaltene Versteinerungen häufig fehlen. Am Fonsjoch sind *Lytoceras fimbriatum, Harpoceras bifrons* und *Stephanoceras subarmatum* leitend. Am Juifen liegt über denselben noch ein System von grauen sandigen Mergelbänken mit schwarzen Kieselknollen in einer Mächtigkeit von 15 Metern, die verkohlte Planzenreste einschliessen und durch ihre an Meeralgen erinnernde Fleckung so sehr dem oberen Liasschiefer Süddeutschlands ähneln, dass man sie wohl auch noch in diese Stufe einrechnen darf.

Verzeichniss der Lias-Versteinerungen.

1. **Unterster Lias** *(a)*.
Terebratula punctata Sow. Marmorgraben, Gütenberg; *Terebratula punctata var. Andleri* Opp. Marmorgraben; *Waldheimia cor.* Lamk. Fonsjoch; *Waldheimia perforata* Piette Marmorgraben; *Rhynchonella gryphitica* Quenst. Marmorgraben; *Rhynchonella plicatissima* Quenst. Marmorgraben; *Spiriferina Pichleri* Neumayr Fonsjoch; *Spiriferina pinguis* Zieten Marmorgraben; *Ostrea navicella* Terquem Fonsjoch; *Ostrea sublamellosa* Dunker Johannesthal (Erzklamm); *Terquemia Electra* Orb. (Dumortier) Fonsjoch; *Anomia irregularis* Terq. Fonsjoch; *Pecten fontium n. sp.* (aff. calvus Goldf.) Fonsjoch; *Pecten Hehli* Orb. Fonsjoch, Pitzalpe; *Pecten subreticulatus* Stol. Fonsjoch; *Pecten textorius* Schloth. Fonsjoch, Johannesthal (Erzklamm); *Lima pectinoides* Sow. Fonsjoch; *Lima punctata* Sow. Fonsjoch, Gütenberg, Marmorgraben, Pitzalpe.

Ferner folgende vom Fonsjoch: *Lima succincta* Schloth.; *Lima (Ctenostreon) tuberculata* Terq.; *Avicula sinemuriensis* Orb.; *Modiola Hillana* Sow.; *Myoconcha liasica* Clark.; *Cardita subquadrata* Clark. (= *Cardium multicostatum* Goldf. von Phil.); *Cardita tetragona* Terq.; *Pholadomya prima* Quenst. (= *corrugata* Koch & Dunker); *Phasianella nana* Terq.; *Pleurotomaria multicompita* Clark.; *P. similis Sow.* (Oppel); *P. Sturi* Neum.; *P. tenuiclathrata* Clark.; *P. trocheata* Terq.; *Nautilus aratus* Schloth.; *N. striatus* Sow.; *Aulacoceras liasicum* Gümbel; *Phylloceras psilomorphum* Neum.; *P. subcylindricum* Neum.; *Rhacophyllites n. sp* ; *Psiloceras calliphyllum* Neum.; *P. var. polycycla* Wähner; *P. cerebrispirale* Neum.; *P. Gernense* Neum.; *P. Johnstoni* Sow. (= torus Orb.); *P. majus* Neum.; *P. Naumanni* Neum.; *P. planorbis* Sow.; *Aegoceras Struckmanni* Neum.; *Schlotheimia angulata* Schloth.; *S. cryptogonia* Neum.; *S. extracostata* Wähner; *S. Frigga* Wähner; *S. marmorea* Oppel; *S. Sebana* Neum.; *S subangularis* Opp.; *S. tenera* Neum.; *Arietites proaries* Neum.

2. **Unterer (Hierlatz-) Lias.** *Waldheimia subnumismalis* Dav., *Rhynchonella belemnitica* Quenst., *plicatissima* Quenst., *Caroli* Gem., *retusifrons* Oppel, *Spiriferina Darvini* Gem., sämmtliche Marmorgraben.

3. **Mittlerer Lias.** *Terebratula Aspasia* Men gh. var. *minor, Waldheimia Furlana* Zittel, *Rhynchonella retusifrons* Oppel, *Rynchonellina pygmaea*

Gem., *Spiriferina rostrata* Sow., *gryphoidea* Uhlig — sämmtliche Paßl-Alpe; *Harpoceros Algovianum* Opp. Fonajoch; *Boscense* Reynes Fonajoch, Vomperbach; *Apiocrinus amalthei* Quenst. Juifen.

4. O b e r e r L i a s (sämmtliche vom Fonajoch): *Phylloceras Doederleinianum* Reynes, *Nilsoni* Hebert, *Lytoceras fimbriatum* Sow., *sublineatum* Opp., *Harpoceras bifrons* Brug., *Comense* Buch, *Erbaense, variabile* Orb., *Stephanoceras Desplacei* Orb., *fibulatum* Son., *subarmatum* Y. & B.

12. Oberer Jura.

a) A c a n t h i c u s - Z o n e. Sicher liess sich dieser Horizont nur im Marmorgraben nachweisen, wo er aus rothen, dickbankigen, knolligen Kalken in *Aspidoceras acanthicum* und *Oppelia tenuilobata* besteht. Petrographisch ähnliche Gesteine kommen auch am Juifen mit Belemnitenresten über dem Lias in dem hornsteinführenden grauen Kalkstein vor und lassen eine weitere Verbreitung derselben vermuthen.

b) A p t y c h e n k a l k e. Zu unterst beginnen diese Kalke in der Regel mit einer schwachen oder auch bis zu 300 m (Juifen) anschwellenden Zone rother, grüner und grauer Hornsteinbänke, in welchen bisher keine Versteinerungen aufgefunden worden sind. Nach den Messungen des Dr. S a p p e r lassen sich am Juifen darin unterscheiden von unten nach oben 60 bis 70 m Kalke mit grauen Hornsteinen, 18 bis 25 m grüne Hornsteine, 28 bis 52 m rothe Hornsteine und Kalke. Hierauf folgen hellgraue, dünnplattige, stark zerklüftete Kalkmergel mit grauen bis schwarzen Horsteinlinsen und Knollen, mit denen sich zugleich die ersten Kalkaptychen einstellen. Nach oben werden die Hornsteine seltener und die Kalke hellfarbiger und dickbankiger. Die Aptychen finden sich etwas häufiger und stellenweise in Gesellschaft tithonischer Ammoniten. Manchmal treten in diesen höheren Lagen auch Bänke röthlich-geflammten Kalkes auf.

Das tithonische Alter der oberen Aptychenkalke steht ausser Zweifel. In Betreff der unteren versteinerungslosen Lagen ist es dem freien Ermessen des Einzelnen anheimgestellt, in ihnen entweder ebenfalls Tithon, oder Vertreter der fehlenden unteren Malmund der Dogger-Schichten zu sehen.

V e r z e i c h n i s s d e r O b e r - J u r a - V e r s t e i n e r u n g e n.

a) A c a n t h i c u s - Z o n e: *Aspidoceras acanthicum* Oppel, *Perisphinctes biplex* Sow., *Oppelia tenuilobata* Oppel, *Aptychus lamellosus* Volz, *gracili costatus* Giebel, sämmtliche Marmorgraben.

b) A p t y c h e n - K a l k e (Tithon): *Perisphinctes eudichotomus* Zittel Vordersbachau; *micracanthus* Opp. Feigl.-A. (Gütenberg); *Lytoceras municipale* Opp. Juifen; *Aptychus punctatus* Volz, Baumgartenjoch, Juifen, Fonsjoch; *gracilicostatus* Gieb. Baumgartenalpe, Fonsjoch, Juifen, Vereinsalpe; *latus* Meyer Fonsjoch.

Kreide.

13. **Neocom.** Es sind graue bis gelblichweisse, dünnschichtige bis schieferige, weiche Kalkmergel von grosser Gleichförmigkeit der Ausbildung. Sie verwittern leicht und bilden Terrassen oder flache

Gehänge. Wegen ihres Thongehaltes sind sie für Wasser wenig durchlässig, wesshalb man häufig sumpfige Niederungen auf ihnen antrifft. Ihre Mächtigkeit lässt sich wegen der vielfachen Schichten-biegungen und -Knickungen nicht leicht bestimmen, beträgt aber jedenfalls 100 m. Versteinerungen sind nicht gerade häufig, aber sie fehlen nie ganz.

Zu erwähnen sind: *Hoplites privasensis* Pict. Ferchenbach; *rarefurcatus* Pict. Brandau; *Lytoceras quadrisulcatum* Orb. Brandau, Tonauer Bach, Achen-kirchen; *Aptychus angulicostatus* Peters Achenkirchen; *Malbosi* Pict. Brandau; *Mortileti* Pict. Achenkirchen, Plattenbach, Unterauthal; *Noricus* Wkler. Achenkirchen, Marbichl, Marmorgraben; *seranonis* Coq. Brandau; *Terebratula Euganeensis* Pict. Brandau; *Janitor* Pict. Marmorgraben.

Quartär.

Die jüngsten Bildungen des Karwendels werden als diluviale und alluviale bezeichnet und stehen in einem auffallenden Gegen-satze zu den älteren, bisher besprochenen Ablagerungen. Zur Zeit ihrer Entstehung existirte bereits das Gebirge in ähnlicher Form, wie es heute noch besteht. Für den Aufbau desselben haben die quartären Schichten darum keine Bedeutung, aber sie sind als Zeugen der verschiedenen Wandlungen, welche das Gebirge durchgemacht hat, von grosser Wichtigkeit. Zunächst lehren sie uns, dass in einer früheren Zeit fast alle Berge von grossen Schnee- und Eismassen bedeckt waren. Diese Periode der allgemeinen Vergletscherung fällt in die sogenannte Eiszeit, welche sich nicht nur im ganzen Gebiet der Alpen, sondern in ganz Europa und selbst über dessen Grenzen hinaus fühlbar gemacht hat. Von allen höheren Kämmen des Kar-wendels und seiner Vorberge und aus all den hochgelegenen, tiefen Karen zogen sich Gletscher in die Thäler und Niederungen herab, welche mächtige Grund-, End- und Seitenmoränen zurückgelassen haben. In den breiten Thalsenken der Hinterriss und des oberen Fermersbaches haben sich zum Theil ungeheure Mengen dieses Gletscherschuttes aufgehäuft, und im Gebiet des Karalplbaches bilden die versinterten, hochgelegenen Mittelmoränen zwischen den Gletschern des Mitter- und Dammkares noch heute feste, hochauf-ragende Gesteinsmassen. Ausser diesen im Karwendel selbst ent-standenen Gletschern traten aber auch noch von aussen her grosse Eismassen in unser Gebiet ein. Das tiefe Innthal war von den Centralalpen her mit solchen erfüllt, und dieselben schwollen zeit-weilig so hoch an, dass sie über den Seefelder Pass und das Achen-thal überquellend zum Theil sich einen directen Abfluss nach Norden verschafften.

Der westlichste dieser Gletscherarme erreichte bei der Scharnitz unser Gebiet und zog sich von da das Isarthal herab, auf dessen rechtseitigen Thalgehängen krystallinische Silicatgesteine der Central-alpen in grösseren und kleineren Stücken in den Moränen angetroffen werden (bei der Erzgrube in Höhen von 1050 m Granit und Gneiss).

Bei der Scharnitz hat derselbe auf den 1100 m hohen Thalböden zu beiden Seiten des Ausganges des Karwendelthales ebenfalls bedeutende Schuttmassen zurückgelassen. An dieser Stelle muss er sich mit dem aus Ost herabsteigenden Hinterauthal- und dem aus Norden ihm entgegenströmenden Karwendelthalgletscher vereinigt haben, und es kann nicht bezweifelt werden, dass hierbei letzterer stark zurückgestaut worden ist, so dass er zu Zeiten stärksten Gegendruckes vielleicht bei der Bärenalplscharte nach Norden über die vordere Karwendelkette überquoll. Der östliche Gletscherarm stieg bei Jenbach ins Achenthal herauf und drang dabei zugleich in das Falzturnthal ein. In einer Höhe von 1000 m finden sich dort, 4 km vom Seeufer entfernt, am linken Thalgehänge Hornblendeschiefergeschiebe, welche auch hier auf Stauungen schliessen lassen, denen einst die Gletscher ausgesetzt waren, die das Falzturn- und Tristlthal herabstiegen. Weiter nach Achenkirchen lässt sich die linke Seitenmoräne dieses Inn-Gletscherarmes recht gut verfolgen.

Grösstentheils viel jünger als diese diluvialen Moränen sind die zahllosen Schutthalden der Berggehänge, die Schotter-, Sand- und Lehmmassen auf den Sohlen der Thäler. Sie sind das Product der fliessenden Gewässer, atmosphärischen Niederschläge, Lawinen und Bergstürze. Die Gletscher selbst haben längst zu sein aufgehört und nur wenige kleine Schneelöcher und -flecke, trotzend der sommerlichen Wärme, sind die kümmerlichen Ueberreste einer einst so gewaltigen Schnee- und Eisdecke.

Auf unserer geologischen Karte sind die diluvialen und alluvialen Bildungen mit einer Farbe, und auch nur da eingetragen, wo ihre Stärke so bedeutend ist, dass die Natur des älteren Gesteines darunter nicht mehr erkannt werden kann.

Das alpine Meer und seine Wandlungen.

Seit Beginn der mesozoischen Zeit oder des Mittelalters in der Geschichte der Erdbewohner war derjenige Theil des Alpengebietes, auf welchem heute die wilden Zacken des Karwendelgebirges gen Himmel ragen, von der weiten Fläche eines grossen Meeres bedeckt, und all' das Leben und die viele hundert Meter starken Absätze, welche sich in der langen Reihenfolge der Trias-, Jura- und Kreideperiode aufeinander folgten, blieben unter dieser stillen Decke so lange verborgen, bis die Bewegungen in der festen Erdkruste Theile derselben aufrichteten, emportrugen, die Wasser des Meeres abzufliessen zwangen und so ein trockenes Land schufen, auf welchem die Ablagerungen der verborgenen Meerestiefen mit den Ueberresten ihrer ehemaligen Bewohner in Form fester Felsen zu Hügeln und Bergen aufragen und uns Zeugniss ablegen von den Ereignissen und Wandlungen längst vergangener Tage.

Beginnen wir mit den Anfängen. Die Sande der Werfener- und die Gyps- und Salzlager der Myophorienschichten sind zwar

Ablagerungen eines sehr weit ausgedehnten Meeres, dessen Küsten im Norden von England und im westlichen Frankreich zu suchen sind, aber es war kein sehr tiefes Meer, dessen Boden allmählich weit hinaus, bis an den heutigen Rand der Alpen und Carpathen, von den Sandmassen, die von jenen Küsten her eingeschwemmt wurden, ganz bedeckt ward, und die jetzt verfestigt als Buntsandstein ein wohlbekanntes Baumaterial liefern. In das Gebiet der östlichen Alpen und des ungarischen Flachlandes ist von diesen Sandmassen nur wenig gekommen und die westlichen Alpen waren in dieser Zeit zum grössten Theil Festland. Wahrscheinlich von diesem stammen aber die an schwarzem Glimmer reichen Sande der Werfener Schichten ab, die jedoch die Mächtigkeit des bunten Sandsteins nicht erreichten, weil sich alsbald kalkige Bestandtheile mit eingestellt und die Sandablagerungen schliesslich ganz verdrängt haben. Auf die sandigen Werfener oder Campiler Schichten folgen fast überall in den Ostalpen Seisser Mergel, Guttensteiner Kalke oder Dolomite von zum Theil bedeutender Mächtigkeit, in unserem Gebiete als Myophorienschichten entwickelt. Weiter nach Norden nehmen diese kalkigen Niederschläge rasch ab, im Krakauischen ist ihre Mächtigkeit nur noch 10 m und wird in Schlesien noch geringer, während sie weiter nach Norden und Westen ganz fehlen. Man erkennt hieraus, dass während dieser Periode die sandigen Absätze zuerst im Süden von Kalkniederschlägen verdrängt wurden, die sich dann langsam nach Norden ausbreiteten, — ein Vorgang der in der Periode des Muschelkalkes sich weiter fortsetzte. Der sandige Meeresboden war nirgends der Ausbreitung thierischen Lebens günstig. Schlecht erhaltene Pflanzenreste und Thierfährten sind die häufigsten Spuren früheren Lebens, welche die gewaltigen Massen des bunten Sandsteines einschliessen. Selten sind die Schalabdrücke von Weichthieren. Wo aber ein Kalkgehalt sich einstellt, tauchen letztere sofort in grösserer Häufigkeit auf und bilden stellenweise wahre Haufwerke. Der Sand kam von Norden, das thierische Leben von Süden her in das Buntsandsteinmeer und breitete sich während der Muschelkalkperiode fast über sein ganzes Gebiet aus. Bereits reichten die Kalkablagerungen bis an die Westgrenzen Deutschlands, aber weiter zu gehen war ihnen nicht gestattet; von Neuem drang der Sand vor, eroberte sich während der Keuperperiode sein ehemaliges Gebiet bis an die Grenzen der Alpen wieder und brachte damit zugleich der reichen Entfaltung thierischen Lebens den Tod. Dasselbe blühte aber um so rascher und ungestörter im Alpengebiet auf, wo vorwiegende Kalksedimente in sehr bedeutender Mächtigkeit, zu Kalksteinen und Mergeln verfestigt, uns dasselbe wenigstens zum Theil versteinert erhalten haben. Aber auch hier zeigt sich ein fortwährender Wechsel der Erscheinungen. Meeresströmungen führten von nahen Küsten stellenweise und zeitweilig Sande und Thone mehr oder weniger weit in das Meer hinaus. So entstanden z. B. die Partnachthone, welche in unser Karwendelgebiet wahrscheinlich eine

Strömung von Westen her einführte, deren Wirkung hier aber ihr
Ende erreichte, sowohl örtlich, da diese Thone nur am Nordrand der
vorderen Karwendelkette auftreten, als auch zeitlich, da an deren Stelle
sich alsbald die dichten Rasen der Kalkalgen des Wettersteinkalkes
ausbreiteten. Es kam eine lange Periode reiner Kalkablagerungen,
als sie aber endete, trat eine Zeit beständigen Wechsels ein: Sande
wurden von Thonen oder auch reinen Kalklagen verdrängt und alle
wiederholten sich in rascher und sich ändernder Reihenfolge, bis
endlich jene merkwürdige und in vieler Beziehung noch räthselhafte
Ablagerung magnesiareicher Kalke, des sogenannten Hauptdolomites
begann, durch welchen hier in den Alpen dem Leben des Keuper-
meeres ein ähnliches rasches Ende bereitet wurde als früher dem-
jenigen des Muschelkalkmeeres im Norden durch die Keupersande.

In enger Beziehung mit dem Wechsel der Sedimente in dem
alpinen Keupermeer stand die Veränderlichkeit der Thier- und
Pflanzenwelt. Schon die Raibler Schichten lassen in ihren einzelnen
dünnen Bänken einen auffallenden Wechsel der Arten erkennen,
welcher die Unterscheidung von Cardita-, Austern-, Megalodon- etc.
Bänken ermöglicht. Aber diese Verschiedenheit ist nicht etwa
Folge verschiedener Faunen, welche sich hier zeitlich aufeinander-
folgten, sondern Ergebniss des Wechsels der Lebensbedingungen für
die einzelnen Thiere, welcher in der petrographischen Verschiedenheit der Gesteine ausgedrückt ist. An vielen Küstenstrecken des
Mittelländischen Meeres schreitet eine Versandung des Meeresbodens
heutigen Tages langsam vorwärts, der steinige Untergrund wird bedeckt und damit zugleich werden die Thiere und Pflanzen, welche.
nur auf solchem Boden leben und gedeihen können, verdrängt oder
getödet, mit dem Sand aber kommen zugleich die Sandbewohner
und nehmen die Stelle jener an diesen Orten nun erloschenen
Arten ein. Dennoch sind sie alle Angehörige einer grossen, der
sogenannten mediterranen Fauna, und ebenso stellen die verschiedenen Arten der einzelnen Raibler Bänke nur verschiedene Bestandtheile einer grösseren Fauna dar. Die Arten des Wettersteinkalkes stehen freilich dieser Fauna sehr fremdartig gegenüber, aber
wenn wir den grossen Unterschied des Gesteinsmateriales in Betracht
ziehen und den weiteren Umstand, dass die Fauna der Cassianer
Schiefer, welche petrographisch den Raibler Schichten sehr nahe
stehen, die aber älter als der Wettersteinkalk sind, mit derjenigen
der Raibler Schichten sehr viel Arten gemeinsam haben, so will es
uns dünken, dass wir in den Faunen all' dieser Schichten nur die
örtlichen und zeitlichen Variationen eines grossen Faunenbestandes
der Keuper- oder oberen Triasperiode vor uns haben, geradeso wie
wir in dem Lebenswechsel der Werfener und Myophorienschichten
und des Muschelkalkes nur die Geschichte einer untertriasischen
Faunengesellschaft erkennen können.

Nach der dem organischen Leben so ungünstigen Periode des
Hauptdolomites sehen wir eine ganz neue Fauna jenes Meer be-

völkern, welches als das r h ä t i s c h e bezeichnet werden kann. Nördlich der Alpen hat dasselbe nur Strandbildungen, z. B. Sand und feine Thone mit herrlich erhaltenen Landpflanzen oder Zusammenschwemmungen von Knochenbreccien und Fischzähnen (Bone-bed) zurückgelassen. In den Alpen bezeichnen mächtige Kalke und Mergel diese Periode, welche eine reiche Meeres-Fauna einschliessen, die sich sowohl von den älteren triasischen als auch von den jüngeren jurasischen Faunen wesentlich unterscheidet. Doch treffen . wir auch hier ähnlichen Wechsel von Absätzen und Faunenbeständen, wie in der Triaszeit, welche in ihren grossen Zügen zur Unterscheidung des Plattenkalkes, der Kössener Schichten und des Dachsteinkalkes führen. Der Plattenkalk schliesst fast nur Muscheln und Schnecken, der Dachsteinkalk sehr dickschalige Muscheln und Corallen ein. Die Kössener Schichten sind durch die Führung der Brachiopoden, Cephalopoden und Seelilien ausgezeichnet, welche aber selbst wieder innerhalb dieses Schichtencomplexes in einzelnen Bänken abgesondert zu sein pflegen.

Mit der Juraperiode änderten sich die Verhältnisse sehr wesentlich. Zunächst dehnte sich das Meer wieder weit nach Norden und Westen aus und bedeckte die grössten Theile von Frankreich, England und Deutschland. Die sandigen Einschwemmungen verminderten sich zu Gunsten der Kalkabsätze um ein Bedeutendes. Gleichwohl bleibt ein scharfer Unterschied auch jetzt zwischen dem nördlichen ausseralpinen und dem alpinen Gebiete bestehen. Letzteres steht hingegen in enger Beziehung zu der weit fortgesetzten südlichen Ausdehnung des Jurameeres der sogenannten mediterranen Provinz. Die Thierwelt der nordalpinen und der mediterranen Gebiete zeigt erhebliche Unterschiede der gleichzeitigen Arten, was im Zusammenhang mit den verschiedenen Tiefen des Meeres, Ufernähen und vielleicht auch Climaten steht. In den Alpen machen sich Mischungen beider Bestände geltend, wenn schon der mediterrane Antheil der grössere ist. Mit den Namen Lias, Dogger und Malm pflegt man drei Abschnitte dieser Periode zu bezeichnen, die sich faunistisch ziemlich scharf von einander trennen. Aber selbst innerhalb dieser machen sich noch recht erhebliche Unterschiede bemerkbar, welche sich nicht alle nur auf Faciesunterschiede zurückführen lassen. Von diesen im Ganzen 9 Unterabtheilungen sind die 2 untersten und die oberste im Gebiet der Ostalpen in der Regel, wo überhaupt Jura entwickelt ist, vorhanden; von den Anderen fehlen oft einige oder alle. Im Karwendel ist der unterste und mittlere Lias und das Tithon dem entsprechend ebenfalls überall vorhanden, ja es tritt hier noch der obere Lias und der mittlere Malm (Acanthicus-Zone) hinzu. Dahingegen ist von der Fauna des ganzen Doggers und untersten Malms (Transversarius-Zone) keine Spur zu finden, während doch die Doggeretagen bei Vils, Aschau, Hallstatt u. s. w. eine so reiche Fauna einschliessen, die allerdings stets an die Ent-

faltung reiner Kalke gebunden ist. Man muss daraus schliessen,
dass überall da, wo auf die Kalke des Lias sich sogleich kieselige und
thonige Mergel (Aptychenmergel und Hornsteine) ablagerten, für die
Fauna des Doggers nicht die passenden Lebensbedingungen gegeben
waren. Das alpine Jurameer war während der Juraperiode nicht
überall gleichmässig bevölkert, und zeitweilig schlossen die Absätze
desselben nur kleine Radiolariengehäuse oder einzelne Aptychen-
schalen ein, während an anderen Orten gleichzeitig sich das reichste
Leben entfaltete und versteinert erhalten geblieben ist.

Nochmals machte die jurasische Bevölkerung einer neuen,
der neocomen, Platz, aber damit trat das Meer in unserem Gebiet
in seine letzte Phase ein. Weiter südlich, gegen die Centralalpen
hin, war der Meeresboden schon am Ende der Juraperiode trocken-
gelegt worden und das gleiche Schicksal traf ihn zu Ende der
Neocom-Zeit im Karwendel. Immer weiter nach Norden rückte die
Küstenlinie; das Gault- und Cenomanmeer war zum Theil schon
ganz an den Rand der Alpen hinausgeschoben, während es an
anderen Stellen noch buchtenartig weiter hereingriff. Das Gosau-
meer am Ende der Kreidezeit endlich erscheint in den Alpen nur
noch in Form von schmalen tiefen Einbuchtungen, von denen eine
am Vorderen Sonnwendjoch bis an die Ostgrenze unseres Gebietes
heranreicht.

Dieses Zurückweichen des Meeres war aber nicht etwa Folge
einer einfachen Senkung des Meeresspiegels oder eines langsamen
Anschwellens des alpinen ehemaligen Meeresbodens, sondern war
begleitet von bedeutenden und unregelmässigen Schichtenbewegungen.
Schon die Cenomankreide und dann besonders die Gosaukreide
haben sich vorzugsweise auf Schichten der Trias discordant ab-
gelagert und bestehen zu unterst gewöhnlich aus mächtigen Schuttmassen dieser Triasschichten. Das Meer hatte keinen seichten
Strand, sondern felsige Ufer, an denen es die Kraft seiner Wellen
erprobte. In der Tertiärzeit dann zogen sich die Meereswogen
immer weiter und weiter nach Norden zurück und nur als ein Rest
jener fjordartigen Buchten der Kreidezeit blieb die tiefe lange
Meeresbucht übrig, in der jetzt der untere Theil des Innthales liegt
und die im Süd-Ost unser Karwendelgebiet begrenzt.

Lange also vor Entstehung der Alpen, welche in das Ende der
Tertiärzeit fällt, waren in diesem Theil der Alpen die alten Meeresablagerungen schon aus ihrer ursprünglich horizontalen Lage auf-
gestört worden; Festland und Meeresbuchten entstanden aus diesen
Bewegungen, die zugleich eine bedeutende Erosion entfesselten. Wir
müssen erwarten, dass all' dies auf die folgende Alpenentstehung
vielfachen modificirenden Einfluss ausgeübt habe, und dass der Bau
der Alpen, wie er jetzt vor uns steht, der Ausdruck aller dieser
zeitlich so weit auseinanderliegenden Ereignisse sei.

Der Bau des Karwendelgebirges.

1. Der hintere Karwendelzug.

Er beginnt bei der Scharnitz da, wo der Karwendelbach mit der Isar zusammenkommt, zunächst mit einem flachen Wiesenplateau, hinter welchem zwei, ungefähr gleich hohe Berge, die Kienleiten und der Stachelkopf aufsteigen bis an die östlich dahinter stehenden hohen Felswände. der Pleissenspitze, die ihrerseits nach Osten in dem ununterbrochenen Felskamm fortsetzen bis an das andere Ende dieses Zuges. Das östliche Ende gleicht dem westlichen darin, dass die Kette ziemlich unvermittelt mit Steilwänden abbricht, an die sich ein bedeutend niedrigeres waldiges Bergland (das Vomperjoch) anlegt, das dann allmählich in die Niederung des Innthales ausläuft.

Der Kamm der Kette zieht sich von der Pleissenspitze aus in rein östlicher Richtung bis zur Birkkarspitze, macht dort eine kleine Drehung nach S. und läuft in der Richtung OSO. bis zur Mittagspitze. Nach Süden entsendet er gegen zwanzig grössere Seitenkämme, welche im S. mit steilen Abstürzen enden und zwischen sich die bekannten tiefen Felskare einschliessen. Einer dieser seitlichen Ausläufer, welcher an der Grubenkarspitze abzweigt, zeichnet sich vor den anderen dadurch aus, dass er nach Einhaltung einer südlichen Richtung bei der Hochkanzel im rechten Winkel nach W. umbiegt und sich in den langen Sundiger-Kamm fortsetzt, welcher in ostwestlicher Richtung mit dem Hauptkamm parallel läuft und zwischen sich und diesem das Rossloch — die grossartigste Karbildung des Karwendels — einschliesst.

Nach Norden laufen vom Hauptkamm nur auf der Strecke Pleissenspitze-Birkkarspitze sieben grosse Seitenkämme aus, welche in gleicher Weise tiefe Kare seitlich begrenzen. Oestlich von der Birkkarspitze hingegen fällt der Hauptkamm unmittelbar in steilen Wänden nach Norden ab.

Diese ganze Kette, an deren Aufbau sich hauptsächlich der Wettersteinkalk betheiligt, besteht zumeist aus südfallenden Gesteinschichten. Dieselben sind auf dem Kamm und in dessen nördlichen Ausläufern am wenigsten geneigt, oft sogar ganz horizontal gelagert. Ihre Neigung nimmt zu je weiter sie in die südlichen Ausläufer heraustreten und man kann deshalb die hintere Karwendelkette als die südliche Hälfte eines Schichtensattels betrachten, dessen First mit dem Gebirgskamm zusammenfällt, dessen nördlicher Flügel aber ganz fehlt (siehe Fig. 3). Eine Einschränkung erleidet

Fig. 3.

diese Auffassung durch die sehr wichtige tektonische Eigenthüm-
lichkeit, dass wo der Kamm von O. nach W. läuft, ONO.-Streichen
der Schichten, wo der Kamm OSO.-Richtung hat, in den Schichten
OW.-Streichen herrscht. Im Sandiger Parallelzug mit ostwestlicher
Kammrichtung waltet ebenfalls ONO.-Streichen der Schichten vor.
   Dieser scheinbare Widerspruch, der in der Streichrichtung der
Schichten und derjenigen des Schichtensattels liegt, klärt sich auf
durch das Vorhandensein zahlreicher Schichtverschiebungen auf annähernd NS.-streichenden Bruchflächen, welche die Schichten unter
spitzem Winkel schneiden. Gewöhnlich ist der östlich einer Bruch-
fläche liegende Gebirgstheil, im Verhältniss zu dem westlichen, ge-
hoben worden, so dass auf der Horizontalprojection der Karte die
gleichalterigen Schichten längs der Kette von W. nach O. bei jeder
Bruchlinie eine Strecke weit nach S. verschoben erscheinen. Am
Klarsten erkennt man diese Verhältnisse am westlichen Ende der
Kette (Fig. 4 u. 5).

Fig. 4 (1 : 50 000).

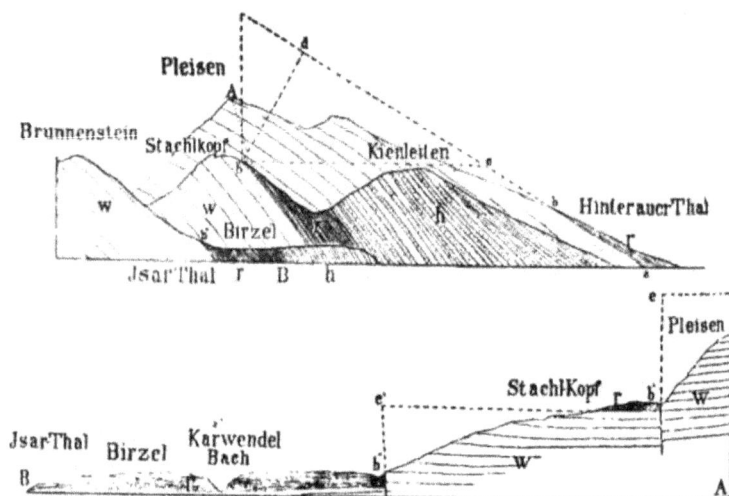

Fig. 5 (1 : 50 000).

   Die kleine Terrasse beiderseits des Karwendelbaches (Birzel und
Schönweid) verbindet die hintere mit der vorderen Karwendelkette
(Brunnenstein). Ueber dieselbe streichen Wettersteinkalk, Raibler
Schichten und Hauptdolomit mit Südfällen in Richtung N. 65° O.
Am Fuss des Stachelkopfes und der Kienleiten werden sie durch
eine Bruchfläche (e' b" auf Fig. 5) abgeschnitten, jenseits welcher
alle Schichten so weit nach Süden verschoben sind, dass der Wetter-
steinkalk in das Niveau der Raibler Schichten, und diese in das
Niveau des Hauptdolomites gerückt erscheinen. Eine gleichsinnige

Verschiebung hat zwischen Stachelkopf und der Pleissenspitze stattgefunden (e b′ Fig. 5). Denkt man sich die liegende Grenze der
Raibler Schichten zu der Linie a e (Fig. 4) verlängert, so lässt sich
Art und Grösse der Verschiebung leicht berechnen. Eine Linie
von e nach b′ gibt uns den Betrag der senkrechten Sprunghöhe
mit 1000 m unter der Voraussetzung, dass die Schicht a b sich
zur Zeit der Verschiebung auch wirklich bis e erstreckt habe,
im Westen dann in die Tiefe gesunken und im Osten durch Erosion
weggeführt worden sei. Eine andere Linie b′ c gibt uns einen Betrag
von 1700 m an, welchen eine rein horizontale Verschiebung gehabt
haben müsste, um die Schicht a c von c nach b′ zu bringen.
Wenn schon uns nun die wirkliche Bewegungsrichtung auf der
Bruchfläche e b′ Fig. 5 nicht genau bekannt ist, so geben doch
die zwei Linien e b′ und b′ c ein Coordinaten-System, welches die
gegenseitige Lage der Schichtentheile fixirt. Durch dasselbe ist
zugleich als kürzeste unter den möglichen Bewegungsrichtungen
diejenige auf Linie d b′ gegeben mit einem Betrag von 850 m,
welcher in gleicher Weise für die Verschiebung b′ b″ auf 550 m
berechnet werden kann.

Es handelt sich hier um bedeutende Dislocationen, die auf den
Aufbau und die heutige Oberflächenbeschaffenheit des Gebirges einen
wesentlichen Einfluss ausgeübt haben. Das plötzliche Steilende der
Pleissenspitze und der westliche Abschluss der hinteren Karwendelkette überhaupt sind ihr Werk.

Wenn also im Allgemeinen der Gebirgskamm mit seinem Steil-
absturz nach Norden und seinem sanfter geneigten Abfall nach
Süden durch die einseitige Aufrichtung der Schichten (Fig. 3) bedingt wird, so ist die verschiedene Höhe der einzelnen Kammtheile
und insbesondere die Streichrichtung derselben doch ebenso sehr
von diesen Verschiebungen auf transversalen Bruchflächen abhängig.
Vergleicht man das herrschende Streichen der Schichten mit dem
wirklichen Lauf des Kammes, so ergibt sich der in Fig. 6 dargestellte

Streichen der Schichten.

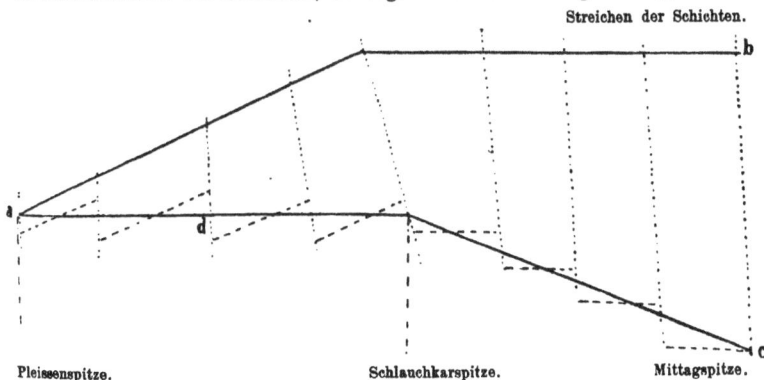

Pleissenspitze.   Schlauchkarspitze.   Mittagspitze.
Fig. 6.

Unterschied beider. Bei ungestörter Aufrichtung müsste der Kamm
der Kette auf Linie $a - b$ erwartet werden, während er in Wirklichkeit auf $a - c$ liegt. In ganz schematischer Weise sind eine
Anzahl von Verschiebungen, analog den soeben an der Pleissenspitze beschriebenen, eingetragen, welche als Erklärung der wirklichen Kammrichtung dienen mögen. Dass dieselbe auf der Deutung thatsächlicher Verhältnisse beruht, soll in Fig. 7 an der Theil-
strecke $a - d$ der Fig. 6 durch Profilzeichnung erörtert werden,
welche zugleich als Fortsetzung von Fig. 5 dient.

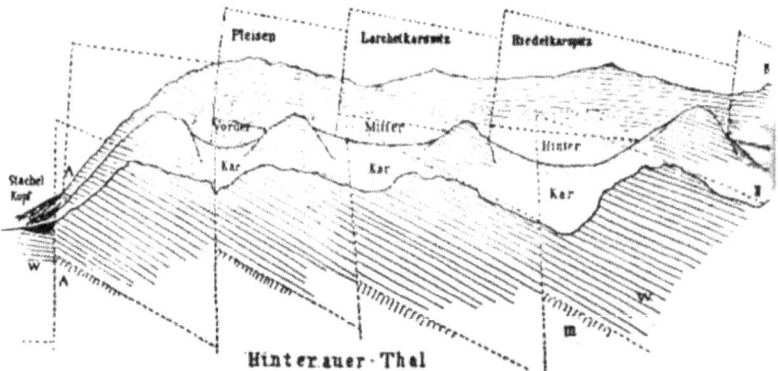

Fig. 7 (1 : 37 500).

Fig. 7 besteht aus drei Längsprofilen in verschiedener Höhe
in der Weise gelegt, dass sie sich zu einer Ansicht der Südseite
der Kette vereinen. Die Schichtflächen erscheinen nicht, wie auf
Fig. 5, als horizontale Linien, weil die Profilebene schräg die Streich-
linie der Schichten schneidet. Aus den punktirten Verlängerungen
der Bruchlinien lassen sich die Sprunghöhen der Verwerfungen unmittelbar ablesen. Hier, wo die Felsen nur aus Wettersteinkalk
bestehen und andere Formationen entweder nicht zu Tage ausgehen
oder in den verschütteten und schwer zugänglichen Karen noch
nicht aufgefunden worden sind, lassen sich die Verwerfungen nicht
mit derselben Leichtigkeit nachweisen, wie am Westende der Kette
oder weiter im Osten im Mooserkar und an der Mittagspitze, aber
ihr Vorhandensein steht ausser Zweifel. Dächte man sich in Fig. 7
die Bruchlinien entfernt, also möglichst einfache und ungestörte
Lagerungsverhältnisse, so ergäbe sich für den Wettersteinkalk aus
dem Abstand der Schicht A von B eine Mächtigkeit von etwa
2000 m, welche die Wirklichkeit weit übertrifft, und die sich bei
einem Profil durch die ganze Kette auf etwa 8000 m steigern würde.

Uebrigens erweisen sich die Lagerungsverhältnisse an vielen
Orten, wo gute Aufschlüsse leicht zugänglich sind, noch viel ver-
wickelter als unsere Profile dies darstellen. Die grossen Verschieb-

ungen sind in der Regel nicht auf einfachen Bruchflächen, sondern
auf einer Anzahl solcher erfolgt, die dicht zusammengedrängt das
Gestein zwischen sich stark gelockert haben, so dass es häufig
geradezu in Breccien umgewandelt erscheint. Ferner stellen sich
Unregelmässigkeiten im Streichen und Fallen der Schichten gewöhnlich in der Nähe der Bruchflächen ein und können darum geradezu
zur Auffindung letzterer benutzt werden. Ein in dieser Beziehung
sehr lehrreiches Beispiel ist der schmale Streifen von Raibler
Schichten, welcher zwischen Kienleiten und Pleissenspitze eingeklemmt zwischen Wänden von Hauptdolomit und Wettersteinkalk
sich bis auf die Sohle des Hinterauthales herabzieht.

An den unteren Enden der südlichen Seitenkämme macht sich
häufig ein Wechsel in Streichen und Fallen bemerkbar, der wahrscheinlich mit der Längsverwerfungsspalte zusammenhängt, welche
das Hinterauthal begleitet und im Osten in das Rossloch hineinstreicht. Es ist das eine longitudinale Spalte, weil sie mit den
Schichtflächen gleiches Streichen hat und in Folge dessen tektonisch
ganz andere Störungen bedingt, als die bisher besprochenen transversalen oder Querspalten. Auf Fig. 8 trennt diese Spalte die

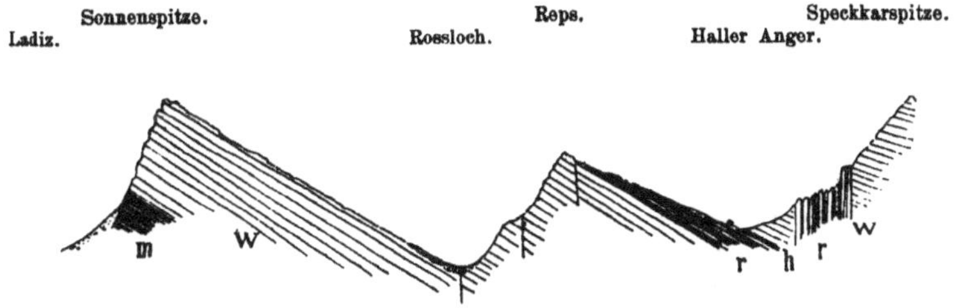

Fig. 8 (1 : 62 500).

Sonnenspitze der Hauptkette vom Reps im Sundiger Grat. Auch
hier würde man dem Wettersteinkalk eine übertriebene Mächtigkeit
von beinahe 2000 m geben müssen, wenn man die Störung des
Rossloches leugnen wollte, obwohl dieselbe durch die Discordanz der
Schichten und insbesondere durch das Auftreten der Raibler Schichten
bewiesen wird, welche Herr S c h w a i g e r südlich von der Plattenspitze mitten im Wettersteinkalk an einer Stelle aufgefunden hat,
die genau in der östlichen Fortsetzung der Rosslochspalte liegt.

Die Sundiger Kette stellt eine ziemlich genaue Wiederholung
der Hauptkette dar mit Steilabfall nach Norden und flachen Gehängen nach Süden. Am Haller Anger (Fig. 8) erreichen die südfallenden Schichten ihr Ende an einer zweiten Längsspalte, jenseits
welcher sich dieselben Schichten, nämlich Wettersteinkalk und
Raibler Schichten, nur in umgekehrter Reihenfolge und in seiger
gestellten Schichtbänken wiederholen. Wir haben es hier also mit
einer Synclinale oder mit einer Schichtenmulde zu thun, die längs
der Muldenaxe selbst von einer Bruchfläche entzweigeschnitten ist.

Nach Westen setzt sich diese Spalte parallel der Muldenaxe über
das Gschnier längs des Nordfusses der steilen Felswände der
Gleierschkette fort, ist aber auf der geologischen Karte nicht mehr zur
Darstellung gekommen; nach Osten zieht sie im Vomperthal herab
und läuft über den Vomperberg ins Innthal aus. Auf ihrem Weg
fallen abwechselnd Wettersteinkalke, Raibler Schichten, Hauptdolomit,
Kössener Schichten und Jurakalke mit Neigung nach Norden gegen
den südfallenden Wettersteinkalk der Vomperkette ein (s. Fig. 9).

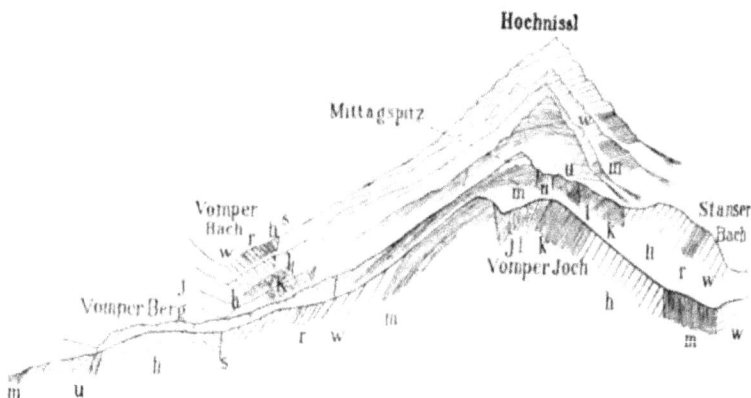

Fig. 9 (1 : 50 000).

Die Sattelschichten der Hauptkette gehen also in eine Mulde über,
die sich im Süden in der Gleierschkette wieder zu einem neuen
Sattel aufwölbt, immer freilich von jenen Störungen durch Brüche
begleitet, wie sie auf Fig. 8 an der Speckkarspitze noch angedeutet sind.

Hier im Osten, wo sämmtliche Horizonte der Trias und des
Jura zu Tage gehen, lassen sich die Querbrüche, welche die Kette
durchsetzen, in vorzüglicher Weise nachweisen. Im Vomperthal
wechselt man, sobald man im Streichen der Schichten sich fort-
bewegt, etwa zehnmal die Schicht, weil bald Jura, bald Kössener
oder Raibler Schichten, bald Hauptdolomit in das Niveau des
Wettersteinkalkes gerückt sind, wie dies sowohl die geologische Karte
selbst als auch Fig. 9 angibt.

Am verwickeltsten gestaltet sich das Ostende der Kette, das
ähnlich wie das Westende plötzlich mit Steilwänden abbricht, welche
der Ausdruck starker Verschiebungen auf Bruchflächen sind. Das
treppenförmige Absetzen der einzelnen Schollen ist hier aber, im
Gegensatz zum Westende, von einer starken Drehung der Schichten
begleitet, so dass die jüngeren Trias- und die Juraschichten mit
nordwestlichem Streichen gegen und unter den Muschelkalk ein-
zufallen scheinen (Fig. 9). Auch die Bruchfläche selbst hat hier
eine von der gewöhnlichen abweichende Richtung, denn sie streicht

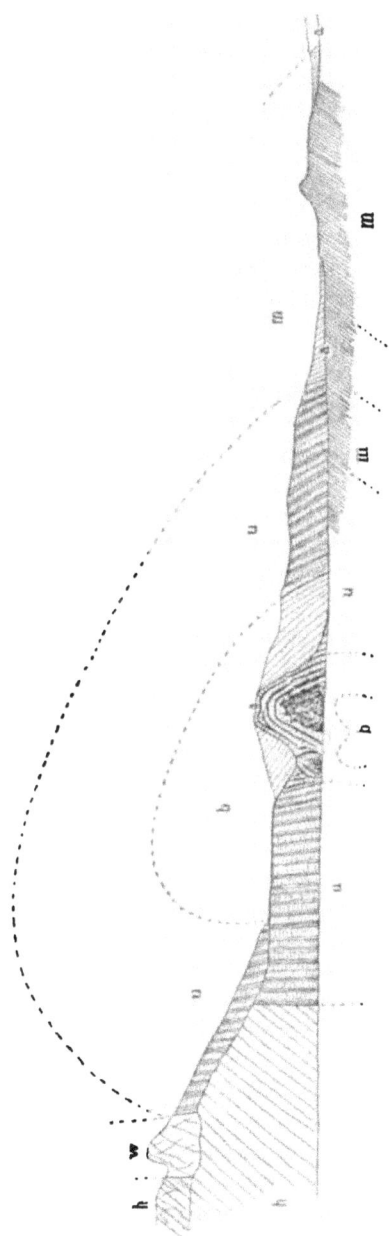

Fig. 10 (1 : 4000).

von NW. nach SO. und kann darum nicht mehr als eine transversale bezeichnet werden.

Nach Süden läuft diese Kette in die hohe Terrasse des Vomperberges aus, welche, von mächtigen Moränen des alten Inngletschers bedeckt, nur da ältere Gesteine erkennen lässt, wo am Vomperbach sich ein steiles und tiefes Thal eingeschnitten hat. Dieser Bach verlässt nämlich in seinem unteren Ende die tektonische Synclinallinie und bricht durch den Südflügel der Mulde hindurch, um sich beim Ort Vomperbach ins Innthal zu ergiessen. Wie an der Speckkarspitze geht dieser Muldenflügel in einen Sattel über, der seinen First bei der Pfannenschmiede liegen hat. Es ist ein Gewölbe von lichtfarbigen, biotitreichen Werfener Sandsteinen, gelben Rauhwacken, schwarzen Thonen, Mergeln und Kalken der Myophorienschichten und von schwarzen Muschelkalken. In letzteren sind bei der Sägmühle grosse Steinbrüche angelegt, durch welche mittenhindurch eine Querverwerfung setzt. Die Kalkbänke streichen beiderseits N. 75° O, fallen aber im W. 70° nach N., im O. 60° nach S. Auf der seiger stehenden Bruchspalte hat sich, als Folge der Gebirgsverrückungen, eine Reibungsbreccie von bis zwei DecimeterStärke entwickelt.

In die nördliche Verlängerung dieser Spalte fällt das linke
Bachufer bei der Pfannenschmiede, so dass die kleinen Rauhwacke-
und Thonsättel (Fig. 10), welche von den Wellen des Baches be-
spült werden, westlich, die in ungleichförmiger Lagerung dahinter
herausschauenden Werfener Sandsteine östlich der Spalte liegen.
Der Ausstrich der Verwerfungsfläche ist in Fig. 10 durch die Linie
a a angedeutet. Der so querdurchbrochene Sattel ist im Westen
tiefer gesunken als im Osten, so dass die Myophorienschichten in
das Niveau der Werfener gerückt sind. Der Nordflügel des Sattels
ist durch einen oder vielmehr zwei Längsbrüche abgeschnitten und
der nördliche Theil soweit in die Tiefe gesunken, dass Hauptdolomit, beziehungsweise Wettersteinkalk an die Myophorienschichten
anstossen. Besonders auffallend ist dies darum, weil die stärkeren
Hebungen an den tiefsten Stellen des Gehänges, die stärkeren
Senkungen in den höheren Theilen stattgefunden haben, also, scheinbar wenigstens, im Gegensatze zur heutigen Entwicklung der Ober-
fläche stehen. Ganz ähnliche Verhältnisse werden wir noch öfter
im vorderen Karwendelzuge kennen lernen und treten schon bei
dem nahgelegenen Stans auf.

2. Der vordere Karwendelzug.

Beginnend mit dem Brunnenstein bei der Scharnitz zieht sich
die vordere oder eigentliche Karwendelkette in weitgespanntem
Bogen nach N. um die hintere Karwendelkette herum, erst in rein
nördlicher Richtung bis zur Linderspitze, dann nach NO. umbiegend
bis zum Wörner und schliesslich rein östlich bis zur Vogelkarspitze
streichend. Von hier nach OSO. ablenkend, erreicht sie am Johannesthal ihr eigentliches Ende, aber jenseits dieses und des Laliderthales
bilden Mahnkopf und Gamsjöchl ihre natürliche Fortsetzung. Durch
nördliche Kammausläufer tritt ferner die Kette von der Vogelkarspitze aus mit der Steinkarspitze, von der Oestlichen Karwendelspitze aus mit dem Thorkopf und von der Thorwand aus mit dem
Stuhlkopf in directe Verbindung. Obwohl diese drei nördlichen Vor-
posten des Karwendels von einander durch Ron- und Thorthal ab-
geschieden sind, so gehören sie doch einem und demselben Schichten-
zuge an, der sich bei der Vogelkarspitze von der Hauptkette ab-
trennt, so dass sich dort die Kette eigentlich gabelt — ein Ast
läuft über die Thorwand bis zum Gamsjöchl, der andere über Steinkarspitze, Stuhl- und Thorkopf und setzt, trotz der folgenden Querthäler, im Falken und Gamsjoch ebenso weit nach O. fort als der
andere Ast. Aber auch jenseits der breiten und tiefen Einsenkung des
Engthales ist der weitere Verlauf dieses Zuges unverkennbar in den
Massiven des Sonnenjoches und Stanserjoches ausgesprochen, wenn
schon, aus später zu erörternden Ursachen, hier eine Reihe neuer
orographischer Momente hinzutritt, welche aber den inneren geologischen Zusammenhang aller dieser Einzelmassive mit der vorderen

Zeitschrift des D. u Ö A.-V.

1888, Tafel 15.

Vogelkarspitze   Lirchfleckspitzen   Thorspitze Falk   Birkkarspitze   Karwendelthal   Oestl. Oedkarspitze
                                       Johannisthal

Gez. von K. Haushofer.   Geschn. von A. Niedermann.

Karwendelkette nicht zu verdecken im Stand ist. Immerhin besteht in dieser ausgesprochenen Neigung, in Einzelstücke auseinander
zufallen, ein wesentlicher Unterschied zwischen dem vorderen und
dem hinteren Karwendelzuge.

Wir dürfen aus diesen Eigenthümlichkeiten schon von vornherein auf viele Ueberraschungen und grossen Wechsel im geologischen Bau dieses Zuges gefasst sein, aber um so fester ist das Ganze
zusammengefügt durch die tektonische Gleichheit beider Enden.
Wie die Kette ostwärts am Stanserjoch in einen wohlgeformten
Sattel des Wettersteinkalkes ausläuft, so beginnt sie bei Mittenwald
ebenfalls mit einem Schichtengewölbe, wenn schon hier der First
des Gewölbes der Erosion zum Opfer gefallen ist, wie dies Fig. 11

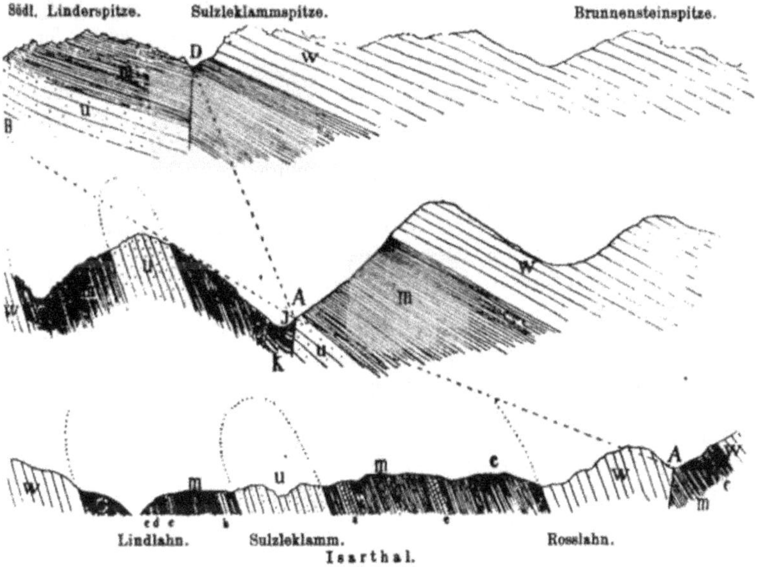

Fig. 11 (1 : 2000).

darstellt. Quer zur Längsrichtung der Lindlahn, Sulzleklamm und
Rosslahn sind drei Profile in wechselnder Höhe durch die Brunnen-
steinkette so gelegt, wie sie sich vom Isarthal aus gesehen darstellen würden. In dem untersten Profil, welches vom Leitersteig
aus aufgenommen ist, tritt die Sattelbildung am deutlichsten hervor. Alle Schichten fallen steil nach S. Man beginnt von N.
her kommend mit Wettersteinkalk, auf den die lichtgrauen, hornstein-
reichen Kalke folgen, welche bisher noch keine Versteinerungen geliefert haben, sodann beginnt der Muschelkalk, in welchem man nacheinander die Ammoniten-(c), Brachiopoden-(c) und Gasteropoden-(b)
Horizonte antrifft bis nahe der Sulzleklamm, welche sich in die
weicheren Gesteine der Myophorienschichten tief eingegraben hat.

4

Von da ab folgt von Neuem Muschelkalk in umgekehrter Reihenfolge seiner Horizonte und zuletzt Wettersteinkalk, der erst hinter
dem Brunnensteinköpfl auf einer Bruchspalte von Neuem an Muschelkalk angrenzt. Die punktirten Verlängerungen der Formations-
grenzen sollen andeuten, wie man sich den ursprünglichen Zusammenhang der Schichten etwa zu denken hat. Im nächst höheren
Profil ist der Sattel etwas schmäler und liegt zwischen Lindlahn
und Sulzleklamm eingeschlossen. In letzterer wird er in ähnlicher
Weise, wie hinter dem Brunnsteinköpfl, von einer Verwerfungsspalte
abgeschnitten, jenseits welcher eine Wiederholung der Schichten
von dem Myophorien-Horizont an bis zum Wettersteinkalk, nur mit
verändertem Streichen und weniger geneigtem Einfallen, folgt.
Diese Spalte ($A - A$ der Fig. 11) schneidet also unter einem
Winkel von etwa 45⁰ den Schichtensattel schief ab, und indem
sie in der Richtung nach B bis zur nördlichen Linderspitze fortsetzt, bleibt dort von dem Sattel nur der Wettersteinkalk des Nordflügels übrig. Die flach nach SO. einfallenden Schichten des Kammes
der Kette, wie sie das oberste Profil darstellt, sind bei D ebenfalls
von einer Bruchfläche durchsetzt, welche sich nach A in die Sulzleklamm herunterzieht. Dort bei der Kreuzung mit Spalte $A - B$
sind auf $A - D$ ein kleiner Complex von Kössener Schichten und
Aptychenkalken in die tiefsten Horizonte des Muschelkalkes eingesunken. In den Kössener Schichten sind Versteinerungen leicht
aufzufinden (*Dimyodon intusstriatum, Avicula Koessenensis, Gervillia
praecursor, Spirigera oxycolpos*) und die Lagerungsverhältnisse lassen
an Klarheit nichts zu wünschen übrig. Allen, denen es bisher noch
nicht· geglückt ist, in den Alpen deutliche Verwerfungen von grosser
Tragweite in leichter Zugänglichkeit zu beobachten, kann der Be-
such dieser Stelle nicht dringend genug angerathen werden. Von
Mittenwald führt ein Fusspfad in $1\frac{1}{2}$ St. hin. Die Sprunghöhe der
Verwerfung beträgt mindestens 2000 m. In hohen Steilwänden
ragen beiderseits der Klamm die Muschelkalke und Wettersteinkalke
kalke auf, an deren Basis in der Tiefe der Wasserrinne die soviel
jüngeren rhätischen und jurasischen Gesteine angelehnt erscheinen.
    Verfolgen wir die Bruchfläche $A - B$ noch weiter, als sie
Fig. 11 angibt, so bemerken wir, dass sie an der Linderspitze etwas
nach O. umbiegt und auf der Nordseite der Karwendelspitze über
die Karwendelgrube ins obere Dammkar hineinstreicht, um am
Predigtstuhl wieder in die Höhe zu steigen. Die sehr merkwürdige
Art der Bewegungen, welche auf dieser Spalte stattgefunden haben,
sind daselbst leicht zu studiren und sind in Fig. 12 zur Darstellung
gebracht. Man sieht, wie der Muschelkalk in welliger Biegung sich
aus dem Karwendelthal heraufzieht, überlagert von einem mächtigen
Wettersteinklotz, der die Lerchfleckspitzen und weiter im Osten die
Tiefkarspitze bildet. Die Schichten liegen auf dem Kamm annähernd
horizontal, brechen aber nach N. in steilen, hohen Wänden ab, an
deren Fuss sich der Wettersteinkalk in senkrechten und zum Theil

sogar überkippten Schichten anlagert. Die Bruchfläche, welche dazwischen liegt, ist dieselbe, welche in Fig. 11 mit $A — B$ bezeichnet wurde. Verbindet man den horizontalen Wettersteinkalk der Höhe mit dem steil gestellten des Nordfusses durch eine Luftlinie, so erhält man das Bild eines im First durch jene Bruchfläche zerschnittenen Gewölbes, dessen Nordflügel tiefer abgesunken und überkippt ist.

Predigtstuhl.   Tiefkarspitze.
                          Lerchfleck.

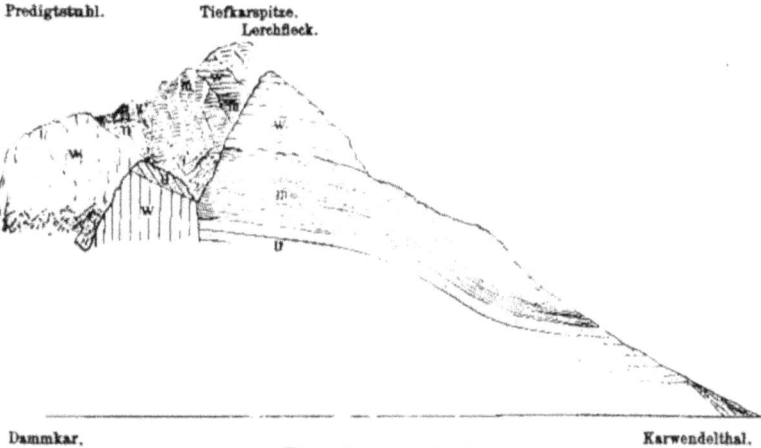

Dammkar.   Karwendelthal.

Fig. 12 (1 : 25 000).

Man könnte die tektonische Verschiedenheit, welche Fig. 11 und 12 aufweisen, so ausdrücken, dass in beiden ein Gewölbe durch eine Verwerfungsspalte in verschiedener Weise entzwei geschnitten worden sei; in Fig. 11 schräg: vom Südflügel schiefwinkelig nach dem Nordflügel, in Fig. 12 parallel dem Gewölbefirst. So einfach liegen indessen die Verhältnisse doch nicht. Man gewahrt (Fig. 12) am Dammkar und Predigtstuhl die Rauhwacken der Myophorienschichten, wie sie auf geneigter Fläche, am Dammkar unter 25°, über die Schichtenköpfe des seigeren Wettersteinkalkes des Nordflügels heraufgeschoben liegen und gegen Süden an den horizontalen Bänken des Muschelkalkes abstossen. Aeltere Schichten erscheinen hier also in ganz unerwarteter Weise auf dem muthmasslichen Gewölbefirst keilförmig in jüngere Schichten heraufgepresst. Diese Thatsache steht aber nicht vereinzelt da. Längs der ganzen vorderen Karwendelkette lässt sich auf der Nordseite ein schmaler Streifen von brecciösen Rauhwacken der Myophorienschichten, an dem sich hie und da auch zerbrochene Muschelkalke betheiligen, verfolgen, der zwischen den vorderen seigeren und den hinteren nach S. geneigten Wettersteinkalkbänken eingepresst liegt. Auch hier — bis zur Bärenalplscharte — könnte obiger Erklärungsversuch anwendbar erscheinen, sobald man aber noch weiter nach O. geht,

4*

wo die tektonischen Verhältnisse sich gänzlich ändern und gleichwohl
derselbe Streifen von Rauhwacken (*R* in Fig. 13) ungestört weiter-

Fig. 13.

zieht, erkennt man die Unhaltbarkeit jener Auffassung. Oestlich
dieser Scharte ist nämlich die sattelförmige Anordnung vollständig
verschwunden, alle Schichten sind übergekippt und fallen nach S.
ein, so dass die jüngsten im N., die älteren im S., aber über jenen
liegen. Die Schichtenserie wiederholt sich zwar zweimal aber in
gleichsinniger Aufeinanderfolge und schliesst zwischen sich jenen
Rauhwackenstreifen ein (Fig. 14). Mit der topographisch so auf-

Fig. 14 (1 : 75 000).

fallenden Bildung der Bärenalplscharte fällt daher eine tektonische
Grenze von grösster Bedeutung zusammen.

Die südliche von den zwei Schichtenreihen bildet zunächst den
eigentlichen Körper der Kette, und der Wettersteinkalk derselben
streicht bis zu den Gipfeln der beiden Schlichten und der Vogelkarspitze herauf. Die Oberflächen seiner Bänke geben dem Südgehänge dieser Berge die Form. Die nördliche Gesteinsreihe hingegen dient nur als wenig starke Vorlage an der Nordseite (Fig. 14),
die sich von der hinteren Reihe nur durch den braunen Streifen

von Rauhwacken abhebt. Mit dem Steinloch tritt hierin eine
Aenderung ein. Der Rauhwackenstreifen zieht sich in das Steinloch hinein, während der nördliche Wettersteinzug sich bis zur
Steinkarspitze erhebt, welche als 2000 m hohe Kuppe der Vogelkarspitze mit 2500 m vorgelagert ist. Von da ab treten nach O.
immer deutlicher die beiden Wettersteinkalkzüge auseinander (Fig. 15):

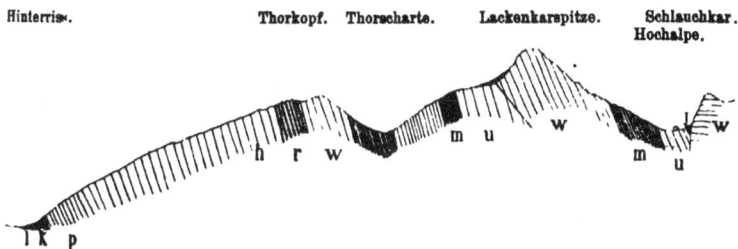

Fig. 15 (1 : 65 000).

der südliche als Kette mit den Gipfeln der Oestlichen Karwendelspitze 2546 m, der Lackenkarspitze 2376 m und der Thorwand
2396 m, der nördliche in Form einer Reihe von Bergen (Thorkopf
2026 m, Stuhlkopf 2044 m). Die Höhen der letzteren bleiben um
200 bis 500 m unter denjenigen der ersteren, schliessen sich auch
nicht zu einer Kette zusammen, sondern sind durch die tiefen,
breiten Schluchten, welche von der höheren Kette nach Norden
herabziehen, von einander getrennt. Noch weiter im Osten löst
sich auch der hintere Zug in Einzelberge auf, indem von den Steilwänden der hinteren Karwendelkette drei tiefe Thäler nordwärts
ziehen und so die vordere Kette in die Massive der Falken und
des Gamsjoches zerlegen. Am Falken heben sich die zwei Wetter-
steinzüge nicht mehr deutlich von einander ab, weil die trennende
Rauhwackenzone fehlt. Der Wechsel der Schichtenstellung lässt
jedoch im Laliderer Falken (2411 m) den hinteren, im Kleinen
Falken (2186 m) den vorderen Zug vermuthen. Klarer ist die

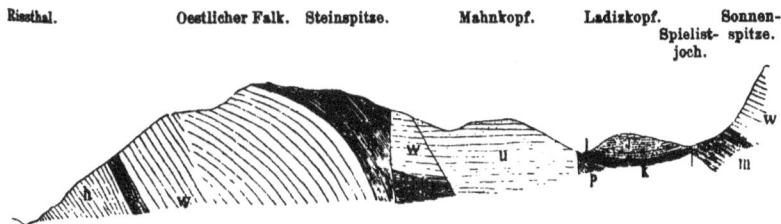

Fig. 16 (1 : 75 000).

Trennung am Gamsjoch (2447 m), das selbst zum hinteren Zug gehört und von dem vorderen des Rosskopfes (1998 m) durch die

zwischengelagerten Myophorienschichten geschieden erscheint. (Taf. 12 Fig. 2.)

Es liegt nahe, in dem doppelten Zuge die durch eine Längsspalte getrennten und schuppenförmig übereinander gelagerten Glieder des Nordflügels eines Sattels zu vermuthen, dessen Südflügel die südfallenden Schichten des hinteren Karwendelzuges darstellen, wobei auch hier der First von einem Längsbruch begleitet ist, welcher auf Fig. 15 durch den Jochübergang der Hochalpe, auf Fig. 16 durch die breite Einsenkung von Ladiz angezeigt wird. Mit dieser Auffassung steht das Auftreten von Muschelkalk am Gamsjöchl und von Myophorienschichten am Mahnkopf in Einklang, sie gehören dem First des Gewölbes an. Ihre Neigung nach Westen freilich stimmt damit nicht ganz überein, aber Bedenken noch viel stärkerer Natur werden geweckt durch das Vorkommen von Jura und rhätischen Schichten auf Laliders, Ladiz und bei der Hochalpe, also an Orten, wo bei regelmässiger Wölbung der Schichten nicht jüngere, sondern vielmehr die ältesten Lager der Trias erwartet werden sollten. Versenkungen von eben derselben Sprunghöhe, wie wir sie schon in der Sulzleklamm kennen lernten, haben hier stattgefunden, aber viel grösseres Areal ist daran betheiligt, dessen Breite sich bis zu 2 Kilometer bestimmen lässt.

Fassen wir die bisherigen Ergebnisse zusammen: Von Mittenwald bis zur Bärenalplscharte ist die Karwendelkette ein Schichtengewölbe, das von der Linderspitze ab auf dem First zerbrochen ist. Von der Bärenalplscharte an tritt der First auf einem Querbruch um 2 Kilometer nach Süden zurück und streicht von da ab nicht mehr auf der Höhe des Kammes, sondern bis zum Engthal in den Einsenkungen weiter, welche den hinteren vom vorderen Karwendelzug trennen. Westlich des Bärenalpls ist der First von aussergewöhnlichen Herauspressungen älterer Schichten, östlich davon von starken Einbrüchen jüngerer Schichten begleitet. Aber diese Hebungen und Senkungen sind nicht an die Firstlinie gebunden. Die Herauspressung folgt einer Linie, die am Bärenalpl in den Nordflügel des Sattels übertritt und sich in besonderer Stärke am Fusse des Rosskopfes äussert. Umgekehrt treten die Einbrüche, welche vom Engthal bis zur Hochalpe auf der Sattellinie liegen, weiter im Westen in den Südflügel des Gewölbes und machen sich so, wenn sie auch im Karwendelthal selbst noch nicht nachgewiesen sind, in der Sulzleklamm bemerklich.

Mit der Kenntniss dieser Thatsachen ausgerüstet, ist es leicht auch für die äusserst verworrenen Verhältnisse der Tektonik der Sonnenjoch- und Stanzerjoch-Massive den Schlüssel zu finden. Fig. 17 lässt sofort in den Schichten der Lamsenspitze einerseits und denen des Sonnenjoches und der Schaufelspitze anderseits die Flanken eines weitgespannten Bogens erkennen, dessen First bei *A* zu suchen ist, weil dort das Nordfallen in Südfallen übergeht. Alles zwischen Grammai und Lamsenjoch ist verstürzt und eingestürzt, entspricht

Zeitschrift des D. u. Ö. A.-V.

1898, Tafel 17.

Nach Photogr. von Reithmayr.

Gez. von K. Haushofer.

Geschn. von A. Niedermann.

Plnaer Alpe. Schaufelspitze. Sonnenjoch. Hankampl. Lamsenspitze.
Bärenlanerscharte. Grammai. Lamsenjoch.

Fig. 17 (1 : 65 000).

den Firsteinbrüchen von Laliders, nur dass dieselben hier bereits
ein wenig in den Südflügel des Gewölbes gerückt sind. Auf der
Karte verfolgt man den Zug stärkster Senkungen von der Binsalpe über das Stallenjoch bis zum Vomperjoch, wo sich derselbe
also in den hinteren Karwendelzug hinüberzieht und hiedurch
ganz besonders seine Unabhängigkeit von dem Faltenbau beurkundet.

Die Firstlinie des Sattels, die wir in Fig. 17 mit *A* bezeichnet
haben, setzt über das Falzturnthal nach der Gamskarspitze über
und läuft auf dem Stanserjoch bis an die Vertiefung des Käsbach-
thales. Auf dem Joch liegt die Umbiegung des Wettersteinkalkes
wie sie in Fig. 18 gezeichnet ist. Aber der Nordflügel ist alsbald

Stanserjoch. Innthal.
Pertisau Bärenbad-Hütte. Weissbachalpe. Haimberg. Stans.

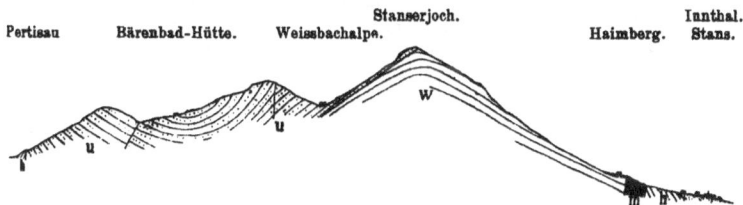

Fig. 18 (1 : 75 000).

auf einer mit 35° geneigten Fläche abgeschnitten, auf welcher die
älteren Rauhwacken der Myophorienschichten über den Wettersteinkalk heraufgeschoben worden sind. Ueberschiebungsfläche und
Schichtfläche liegen fast parallel, so dass die älteren Karten eine
concordante Ueberlagerung des Wettersteinkalkes durch Raibler
Schichten annahmen, mit welch letzteren die Myophorienschichten
eine grosse petrographische Aehnlichkeit besitzen. Das Areal, welches
diese überschobenen Schichten einnehmen, ist sehr gross und umfasst
das Schwarzeneck, den Bärenkopf und -Wald und den Tristlkogl.
Es stellt das östliche Ende jenes Zuges von Emporpressungen dar,
den wir zuletzt am Rosskopf verlassen hatten, der sich als schmaler
Streifen über die Plunser Alpe (Fig. 17) bis zum Falzturnjoch zieht
und dann plötzlich 3 Kilometer weiter nach Süden zurücktritt,
zugleich sich dem Gewölbefirst wieder um ein Beträchtliches
nähernd. Entsprechend seiner grossen Breite hat er hier nicht
mehr so gestörte Lagerungsverhältnisse, obwohl im Bärenbader
Wald und am Bärenkopf mancherlei Verbiegungen und Zerreis-

sungen zu beobachten sind. Ein kleiner Ausläufer dieser gehobenen
Schichten westlich vom Ochsenkopf erinnert in seiner Lagerung
wieder sehr an die Rauhwackenzone der westlichen Karwendelkette.
Zwischen dem Wettersteinkalk der Gamskarspitze und des Hankampl liegen Myophorienkalke und Werfener Schichten in einer
Weise in den First des Gewölbes eingeklemmt, dass sie auch unter
einander jede Gleichförmigkeit der Lagerung verloren haben (Fig. 19).

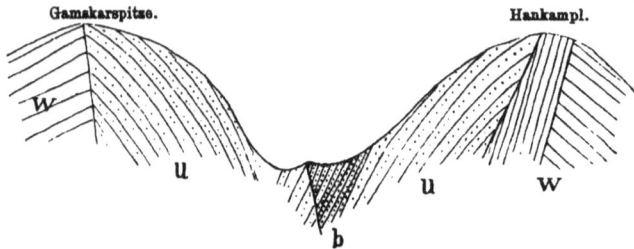

Fig. 19 (1 : 5000).

Die Stelle ist um so bedeutungsvoller als gerade dort beide
Horizonte Versteinerungen führen.

Nicht weniger bemerkenswerth ist der Südflügel des Stanser-
sattels, weil er zwar bei Stans (Fig. 18) an die schon besprochene
Senkungszone angrenzt, aber gerade dort durch einen schmalen,
nur 200 bis 400 m breiten Streifen seiger stehenden Muschelkalkes
von jener getrennt ist. Dieser Streifen lässt sich von Schloss
Tratzberg über St. Georgenberg im Stallenthal hinauf verfolgen
und schliesst bei Tratzberg das Stanserjoch in ähnlicher Weise gegen
das Innthal ab, wie der Muschelkalk bei Vomperbach die hintere
Karwendelkette. Aeltere Schichten in so unerwarteter Weise und
scheinbar ohne alle Beziehung zu den grossen Zügen des Gebirgsbaues anzutreffen, hat für den, welcher mit den Eigenthümlichkeiten
des Karwendels nicht schon vertraut ist, ungemein viel Räthsel-
haftes. Wir stellen auch diesen Zug zu den so häufigen Emporpressungen, welche im nächsten Abschnitt ihre Erklärung finden
werden.

Noch muss hier des Gütenberges Erwähnung gethan werden,
der zwar orographisch die unmittelbare Fortsetzung des Falzturnjoches darstellt, aber in seinem geologischen Bau sich von diesem
sehr unterscheidet. Er besteht aus einer Schichtenmulde, die mit
nordwestlichem Streichen sich quer dem Ende des Falzturnjoches
und seiner schmalen Hebungszone vorlegt. Seine Schichten gehören
dem Alter nach zu den jüngsten, nämlich zu dem Neocom, den
Aptychenschichten, dem Lias und der rhätischen Formation und
sind zu einer nach NO. übergekippten Mulde zusammengefaltet,
so dass sie am Ausgehenden alle nach SW. einfallen, wie dies auf
Fig. 20 zu sehen ist, wo auch sehr klar hervortritt, dass diese ganze
Mulde in die Triasschichten auf Verwerfungsspalten eingesunken

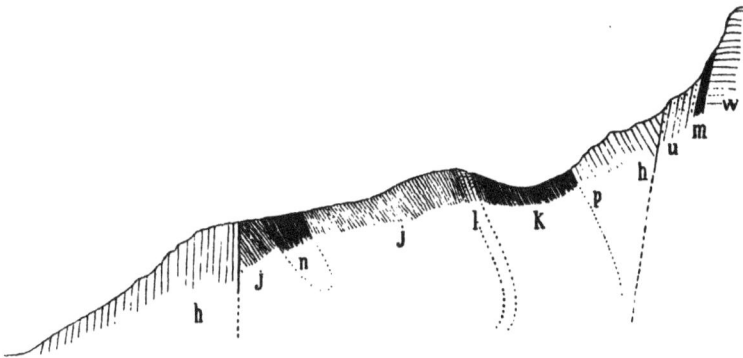

Pletzachthal.　　　　Rauchkopf.　　　　　　Gütenberg.　　　　　　Falzturnjoch.

Fig. 20 (1 : 20 000).

ist. Nach NW. scheint sich die Mulde auszukeilen, doch gehört der kleine Complex von Kössener Schichten und Plattenkalken, welcher am Plunserjoch in Hauptdolomit eingeklemmt ist, jedenfalls noch zu ihr. Nach SO. endet diese Mulde am Falzturnthal und es muss dahingestellt bleiben, ob sie sich unter der Thalsohle noch weiter nach der Pertisau ausdehnt und so vielleicht unter dem See hindurch mit der Einsenkung von Gosaukreide im Süden des Sonnwendjoches in Verbindung steht.

Auch an dieser kleinen Mulde machen sich zahlreiche Querbrüche in derselben Weise bemerkbar, wie dies im hinteren Karwendelzuge der Fall ist, wo sie, wie wir gesehen haben, sehr bedeutsam in den Bau des Gebirges eingreifen. Dasselbe gilt für den ganzen vorderen Karwendelzug, an der Bärenalplscharte ist die plötzliche Aenderung der Tektonik an einen solchen Querbruch geknüpft und unsere Karte zeigt zur Genüge die Häufigkeit ähnlicher Bildungen. Aber neben diesen Brüchen, auf denen erhebliche Verschiebungen stattgefunden haben, ist das ganze Gebirge noch von zahllosen kleineren Brüchen durchsetzt, die sich kartographisch nicht mehr darstellen lassen, von denen aber einige in Fig. 21 zur Anschauung gebracht sind. Die Steilwand im hinteren Dammkar besteht zu unterst aus Muschelkalk, der schon von Weitem durch seine Farbe und seine dünnbankige Absonderung sich von dem weissen Wettersteinkalk abhebt. Der Ausstrich der Bänke erscheint in annähernd horizontalen Linien, trotzdem die Grenze zwischen beiden Formationen sich an der Wand vom Kirchle gegen den Lerchfleck schief geneigt herabzieht. Es ist dies Folge der zahllosen kleinen Spalten, auf denen kleine treppenförmige Absenkungen sich schliesslich doch zu einer bedeutenden Wirkung summirt haben.

Auf der Karte bemerkt man nicht selten solche Querbrüche unvermittelt enden, sobald sie in grössere Gebiete insbesondere von

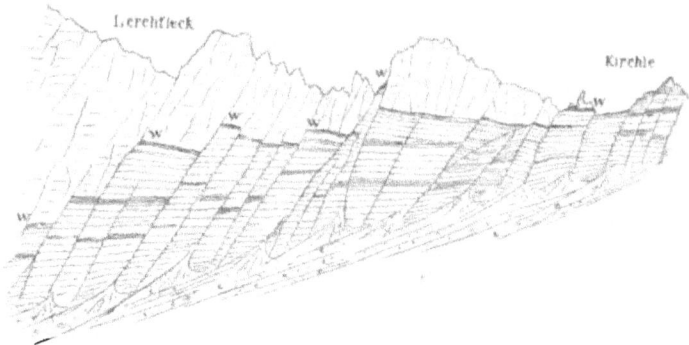

Fig. 21.

Wettersteinkalk oder Hauptdolomit eintreten. Es soll damit nicht
angedeutet sein, dass sie wirklich dort ihr Ende erreicht haben,
sondern nur dass die Gleichförmigkeit des Gesteines die Spuren
derselben verwischt hat. Es unterliegt gar keinem Zweifel, dass die
zahlreichen Querspalten auf der Südseite der hinteren Karwendelkette durch diese hindurch gehen und in unmittelbare Verbindung
mit denjenigen der vorderen Kette treten, wie dies für einige ja
auch wirklich nachzuweisen und auf der Karte darzustellen möglich war.

3. Das Karwendel-Vorgebirge.

Zieht man von Mittenwald über die Kälberalpe, Vereinsalpe,
Hinterriss, das Plunserjoch und Pletzachthal eine Linie, so hat man
das eigentliche Karwendelgebirge von seinen Vorbergen und damit
zugleich die Sattel- von der Muldenregion abgetrennt. Auf allen
Seiten sind die Vorberge von Hauptdolomit eingefasst, der nach
einwärts geneigt eine breite Mulde formt, in welcher die jüngeren
Schichten des Rhäts, Jura und Neocoms wannenartig eingebettet
liegen. Nur am Ostrande bei Achenkirchen treten auf kurzer Strecke
auch diese jüngeren Schichten bis an die Grenze heran, um über
das Achenthal hinüberzustreichen, wohin sich das Muldengebiet ostwärts weiter fortsetzt. Entsprechend dem übergekippten Nordflügel des Karwendel-
sattels ist auch die Mulde in der Regel so geformt, dass ihre
beiden Flanken isoklinal nach Süden geneigt sind oder doch wenigstens seiger stehen. Ausnahmsweise, insbesonders im hinteren Oberauthal, ist der Südflügel nicht so stark umgestürzt, sondern fällt
mit 40 bis 60° nach Norden ein. Von Westen nach Osten nimmt
die Mulde stetig an Breite zu, biegt dann an der Dürrach rechtwinkelig nach Norden um und erleidet am Retherjoch eine tektonische Störung von grösserer Bedeutung, indem sie durch den von

Osten her eingetriebenen Dolomitkeil des Plickerkopfes in zwei
Parallelmulden zerlegt wird, deren jede, nach Norden übergekippt,
von Westen nach Osten streicht. Mit den Umbiegungen des Nordflügels am Soiern, Vorderskopf und Scharfreiter ist der Beginn eines
neuen Sattels angedeutet, der aber nicht zu eigentlicher Entwicklung gekommen ist, da noch weiter im Norden bis zur tiefen Einsenkung des Isarthales im Hauptdolomit wieder Südfallen vorherrscht.
Einer der geeignetsten Orte, um diese Mulde zu studiren, ist der
Marmorgraben bei Mittenwald, in welchem man in 10 bis 15 Minuten
alle Schichten vom Hauptdolomit an bis zum Neocom in doppelter
Aufeinanderfolge, aber jedesmal umgekehrter Reihe quer durchlaufen
kann. Fast alle Horizonte sind durch Gesteinsbeschaffenheit und
Versteinerungen wohl gekennzeichnet, und nur im Nordflügel fehlen
in Folge einer streichenden Verwerfung die Plattenkalke (Fig. 22).

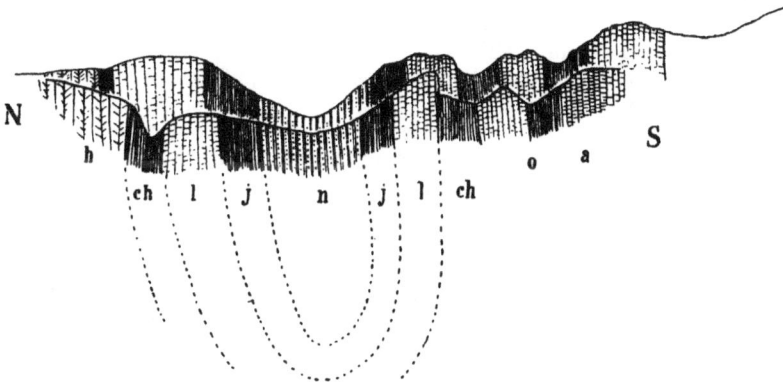

Fig. 22 (1 : 5000).

Wo dieser Graben in das Isarthal einmündet, ist jedoch die ganze
Mulde auf einem Querbruch durch ostfallenden Hauptdolomit abgeschnitten und auch auf der linken Isarseite nicht weiter aufzufinden. Unsere Profile liegen in halber Höhe und am oberen
Ende des Marmorgrabens. Sie werden durch eine Querbruchfläche,
welche mit der Ebene der Zeichnung in Fig. 22 parallel liegt, von
einander getrennt, woraus sich die kleinen Schichtverschiebungen
erklären. Solche Querbrüche wiederholen sich weiter nach Osten
und bedingen, dass trotz des rein ostwestlichen Streichens der
Theilstücke die Gesammtmulde bis zum Fermersbach eine ostnord-
östliche Richtung nimmt. Von da ab herrscht bis zur Pasilalpe
reines OW.-Streichen. Aehnlich also wie die Karwendelkette vom
Wörner ab gegen das Isarthal sich nach SW. zurückbiegt, so ist
auch die Kreidemulde westlich vom Fermersbach auf einzelnen

Querbrüchen nach Süden zurückgeschoben worden. In übersicht-
licher Weise überschaut man diesen Vorgang von der Höhe des
Ochsenbodens aus am Fusse der Viererspitze Die hohen Felswände, welche die Thäler der oberen und unteren Kälberalpe in
weitem Bogen nach oben abschliessen und in welche Dammkar,
Mitterkar und ein kleineres Kar am Fusse des Wörners wannen-
förmig eingelagert sind, bestehen an ihrem vorderen Rande aus
Wettersteinbänken mit nordwestlichem Streichen, so dass dieselben
fast alle in das Karalplthal herein streichen. Da wo die Felswände
aber steil gegen die Tiefen dieses Thales enden, wechselt das Gestein. Es sind theils Raibler Schichten, theils Hauptdolomit, welche
die bewaldeten Höhenzüge am Fusse jener Wände aufbauen. Sie
haben das gleiche Streichen wie der Wettersteinkalk und liegen
hier also nicht über, sondern neben diesem. Auf Bruchspalten,
welche längs den hohen Karwendelwänden hinziehen, stossen Wetter-
steinschichten und die Bänke des Hauptdolomites nebst den Raibler
Schichten gangförmig aneinander ab. Ganz dieselbe Beobachtung
macht man auf der anderen Thalseite, wenn man im Bette des
Karalplbaches herauf geht; auf der linken Bachseite streicht der
Hauptdolomit in seigeren Bänken nach NW., auf der rechten fällt
der Plattenkalk mit mässiger Neigung nach SO. Folge dieser Verschiebungen ist, dass auf weite Strecken die Raibler Schichten
zwischen Wettersteinkalk und Hauptdolomit ganz fehlen. Diese
Wirkungen setzen sich natürlich nach NO. weiter fort und haben
bei der Vereinsalpe zu einer Verschiebung des Muldenkernes um
2000 m geführt, wobei ein Theil des Kernes zwischen zwei Bruchspalten abgerissen und geschleppt worden ist, so dass er jetzt,
zwischen Plattenkalk eingeklemmt, mit nördlichem Streichen der
weicheren Neocommergel und Aptychenkalke den Uebergang des
Jöchls bildet. Weniger gestört setzt von da ab die Mulde nach
Osten fort, die Verschiebung am Fermersbach ist nicht bedeutend,
und auch die zwei Längsbrüche, welche zwischen Vorderskopf und
Ronberg im Niveau der Plattenkalke zu beiden Seiten der Mulden-
axe aufsetzen, haben den inneren Muldenkern mit seinen hier ganz
seiger gestellten Schichten ebenso unverändert gelassen (Fig. 23),
wie der kleine Längsbruch im Norden des Marmorgrabens zwischen

Ronberg.   Vordersbachau.   Vorderskopf.   Oswald-Hütte.

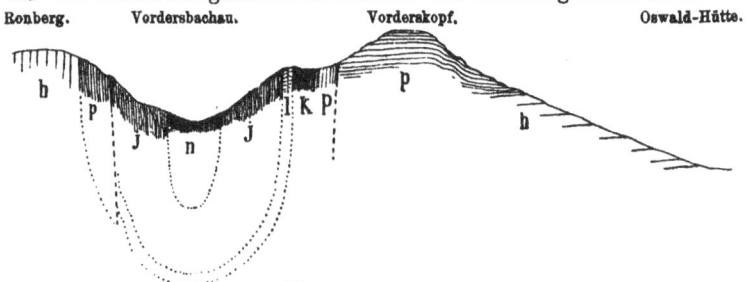

Fig. 23 (1 : 50 000).

Hauptdolomit und Kössener Schichten. Ein neuer Bruch macht sich mit der Thalrinne der Hinterriss nicht nur in einer horizontalen Verschiebung nach Norden bemerkbar, sondern auch dadurch, dass jenseits desselben die Muldenflügel isoklinal nach Süden fallen (Tafel 12, Fig. 2). Erst vom Schleimser Joch an erlangt der Südflügel wieder Nordfallen, es folgen aber alsbald eine Reihe von Querbrüchen, und zugleich biegt die ganze Mulde sich nach Norden um. Jeder dieser Brüche macht sich durch mehr oder minder grosse Horizontalverschiebungen und durch den plötzlichen Wechsel im Streichen und Fallen der Schichten bemerkbar. Der Südflügel zieht sich mit Nordrichtung von der Pasilalpe an als Ostflügel bis zur Mooseralpe, wo er an einer OW. streichenden Verwerfungsspalte endet; der Nordflügel ist schon vom Pletzboden an durch eine streichende Verwerfung gestört (siehe Fig. 24) und wendet bei

Hochlochalpe.　　Tonauer Thal.　　　Mantschen Berg.　Mondscheinspitze.

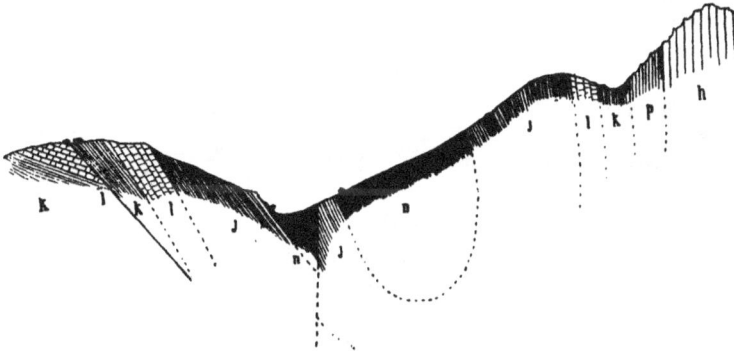

Fig. 24 (1 : 50 000).

der Hochlochalpe zwar ebenfalls mit Nordrichtung in den Westflügel um, aber diese Umwendung ist hier noch vielmehr (siehe Fig. 25) von Brüchen und Schichtstörungen begleitet, unter denen besonders die tiefe Versenkung der Jurascholle beim Zoten-Niederleger auffällt. Am Juifen endlich wendet sich dieser Flügel wieder

Pitzalpe.　　Juifen.　　Marbichler Spitze.　　　Gröbner Hals.

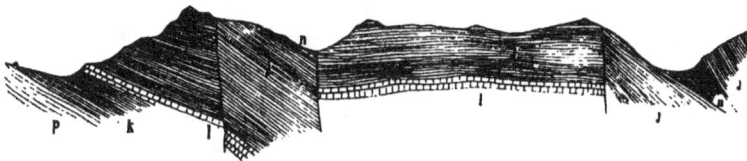

Fig. 25 (1 : 50 000).

in die alte WO.-Richtung um und läuft über Schulterberg und Lindstein ins Achenthal herab. Dieser Richtungswechsel der Mulde

tritt längs einer vielfach ausgezackten Bruchlinie, die sich von
der Zunderspitze über Hochlochalpe, Isshals, Retherkopf, Hochplatte, Gross-Zemmalpe zum Marbichler Joch verfolgen lässt, ganz
plötzlich ein und ist zugleich dadurch ausgezeichnet, dass im Osten
dieser Linie an Stelle der einfachen eine doppelte Mulde entwickelt ist, die durch den Vorsprung der Hochplatte, an den sich
weiter nach Osten noch der Keil von Hauptdolomit des Plickenkopfes anschliesst, deutlich getheilt erscheint. An dem südlichen
Muldenzuge betheiligen sich nur die Neocommergel und Aptychenkalke; im unteren Theil des Unterauthales werden dieselben von
Hauptdolomit schief abgeschnitten. Die Schichten fallen alle flach
nach Süden, so dass auf dem Jura der Klein-Zemmalpe das Neocom
des Gröbner Halses und darüber nochmals Jura der Zunderspitze
liegt. Die nördliche Mulde hat dieselben Lagerungsverhältnisse,
nur dass auf ihrem Nordflügel auch noch Lias, Kössener Schichten,
Plattenkalk und Hauptdolomit betheiligt sind und dass sich alle
Schichten bis ins Achenkirchener Thal herabziehen. Fig. 26 gibt ein

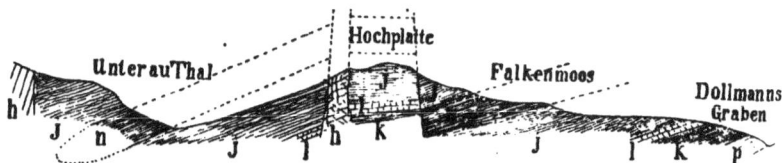

Fig. 26 (1 : 50 000).

Querprofil, in welchem durch punktirte Linien eine Erklärung zu
geben versucht ist für das Auftreten des doppelten Muldenkernes.
Wie eine einfache schräggestellte Bank durch die Senkung eines
Theiles auf einem Längsbruch einen doppelten Ausstrich erhält,
als ob es zwei schräggestellte Bänke wären, so kann auch eine
scheinbare Doppelung bei einer schiefgestellten Mulde aus der Senkung auf einem Längsbruche entstehen. Auf der Hochplatte liegen
eine Reihe von Längsbrüchen, und der Ausstrich der Kreide am
Falkenmoos wäre demnach nur die gesunkene Fortsetzung der Kreide,
welche im Unterauthal ausstreicht. Sicherheit über die Berechtigung dieser Auffassung kann nur von einer genauen Untersuchung
der Kreidemulde im Osten des Achenkirchener Thales erwartet
werden.

Eine andere wichtige Unregelmässigkeit wird am Thalrande
bei Achenkirchen beobachtet. Ein schmaler Streifen Aptychenkalkes
auf der linken, von Neocom auf der rechten Thalseite liegen dort
am Fusse des Hauptdolomites des Plickenkopfes und des Unnütz
(Fig. 27). Sie sind in das 1200 m tiefere Niveau der Trias herab-
gesunken und bestimmen hier in ihrer Breite und Längserstreckung
das Achenthal.

Im Norden gegen die Isar und Walchen schliesst unser Gebiet mit bewaldeten Bergen ab, die fast nur aus Hauptdolomit be-

Nach Photogr. von B. Johannes. Geschn. bei Jos. Walla.

Soiernseen und Schöttlkarspitze.

Plickenkopf   Achenkirchen.   Unnütz.

Fig. 27 (1 : 50 000).

stehen. Blos am Soiern, Scharfreiter und Lerchkogl betheiligen sich auch beträchtliche Massen von Plattenkalk an deren Aufbau, und gerade da haben sich einige merkwürdige tektonische und orographische Verhältnisse herausgebildet.

Der Plattenkalk, welcher als Muldennordflügel steil aus dem Baumgartenthal zur Höhe des Lerchkogls und Thorjoches aufsteigt, verflacht sich weiter nach Norden allmählich und bildet so das Hochplateau, auf welchem die zahlreichen Hütten der Lerchkoglalpe und des Weissen Mooses liegen. Dasselbe findet am Scharfreiter statt, nur dass dort nach Norden nicht eine einfache Verflachung, sondern eine mehrfache Zusammenstauchung zu kleinen Mulden eingetreten ist, die sich auch orographisch in den sumpfigen Vertiefungen der Moosenalpe ausdrückt. Auf Tafel 12 Fig. 2 sieht man, dass im Norden noch eine Hebung des Hauptdolomites hinzugetreten ist, die zur Verstärkung der Senkungen beigetragen hat. Auch am Vorderskopf (Fig. 23) hat diese Verflachung des Plattenkalkes stattgefunden, aber sie tritt ganz unvermittelt an die seiger gestellten Schichten der Mulde heran, von ihnen nur durch den schon früher besprochenen Längsbruch getrennt. Dieses Bild wiederholt sich am Soiern (Fig. 28), der zugleich die Züge vom (Tafel 12 Fig. 2)

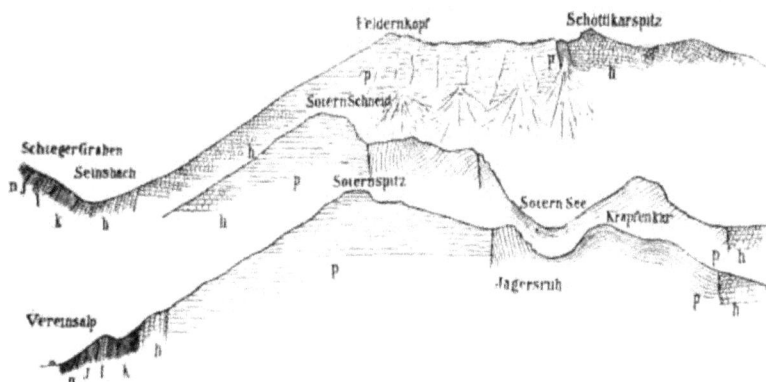

Fig. 28 (1 : 35 000).

Scharfreiter damit vereinigt. Der Plattenkalk nimmt hier ein Areal ein, das einem verschobenen Viereck gleicht, dessen zwei stumpfe Ecken an der Vereinsalpe und im oberen Fischbachthal, dessen zwei spitze Ecken im unteren Fermansbach und im Lausbachgraben zu suchen sind. Ringsum laufen Bruchlinien, an denen im Süden und Osten Hebungen, im Norden und Westen Senkungen des von ihnen eingeschlossenen Gebietes stattgefunden haben, welches in Folge dessen nach Norden durch den Fischbach entwässert wird, während es nach Süden und Osten mit steilen Gehängen abschliesst. Diese unmittelbare Abhängigkeit der Oberflächenbeschaffenheit von den Gebirgsbewegungen ist im Inneren des Soierngebietes noch deutlicher ausgesprochen, wo sattelförmigen Aufbiegungen jedesmal ein Bergrücken, muldenförmigen Einbiegungen Thäler und Scharten entsprechen und wo die Einbrüche auf Verwerfungsspalten das Niveau der Thäler stellenweise soweit herabgedrückt haben, dass sie sich in Seebecken umwandelten, denen eine fortgesetzte Erosionsthätigkeit noch immer keinen vollständigen Abfluss verschaffen konnte. Wo solche stärkere Einbrüche und Zusammenfaltungen hingegen fehlen, da sind auch weder Seebecken noch Thäler, noch überhaupt starke Höhenunterschiede vorhanden, wie die Feldern in Fig. 28 lehren.

Die Entstehung des Karwendelgebirges.

Wer sich ein Bild von der Entstehung eines Gebirges machen will, das nicht Erzeugniss seiner Phantasie oder voreingenommener Meinung sein, sondern der Wirklichkeit möglichst nahe kommen soll, der muss sich vor allen Dingen auf die Deutung thatsächlicher Verhältnisse beschränken, soweit sie durch sorgfältige Beobachtung festgestellt sind. Wir haben in den vorhergehenden Abschnitten eine Anzahl von Thatsachen mitgetheilt, welche bisher nicht bekannt oder zu wenig beachtet waren, und dürfen nun hoffen auf Grund dieser in die Entstehung dieses kleinen Theiles der Alpen einen tieferen Einblick zu gewinnen.

Wir stellen hier unsere Ergebnisse an Hand der Skizze (Tafel 11) übersichtlich zusammen.

1. Die Schichten sind im grossen Ganzen in Zügen angeordnet, die von Osten nach Westen streichen und sich bald nach Norden, bald nach Süden neigen. Längs einer von Mittenwald nach dem Stanserjoch laufenden Linie herrscht entgegengesetztes Einfallen, wir bezeichnen dieselbe als Anticlinale oder Sattelaxe, weil die Schichten von derselben nach Norden und Süden abfallen, während gegen zwei längs der Gleierschkette und von Mittenwald nach Achenkirchen gezogenen Linien, die wir als Synclinale oder Muldenaxen bezeichnen, die Schichten von beiden Seiten einfallen. Die drei Linien sind untereinander annähernd parallel und sind der Ausdruck der mulden- und sattelförmigen Zusammenfaltung, welche

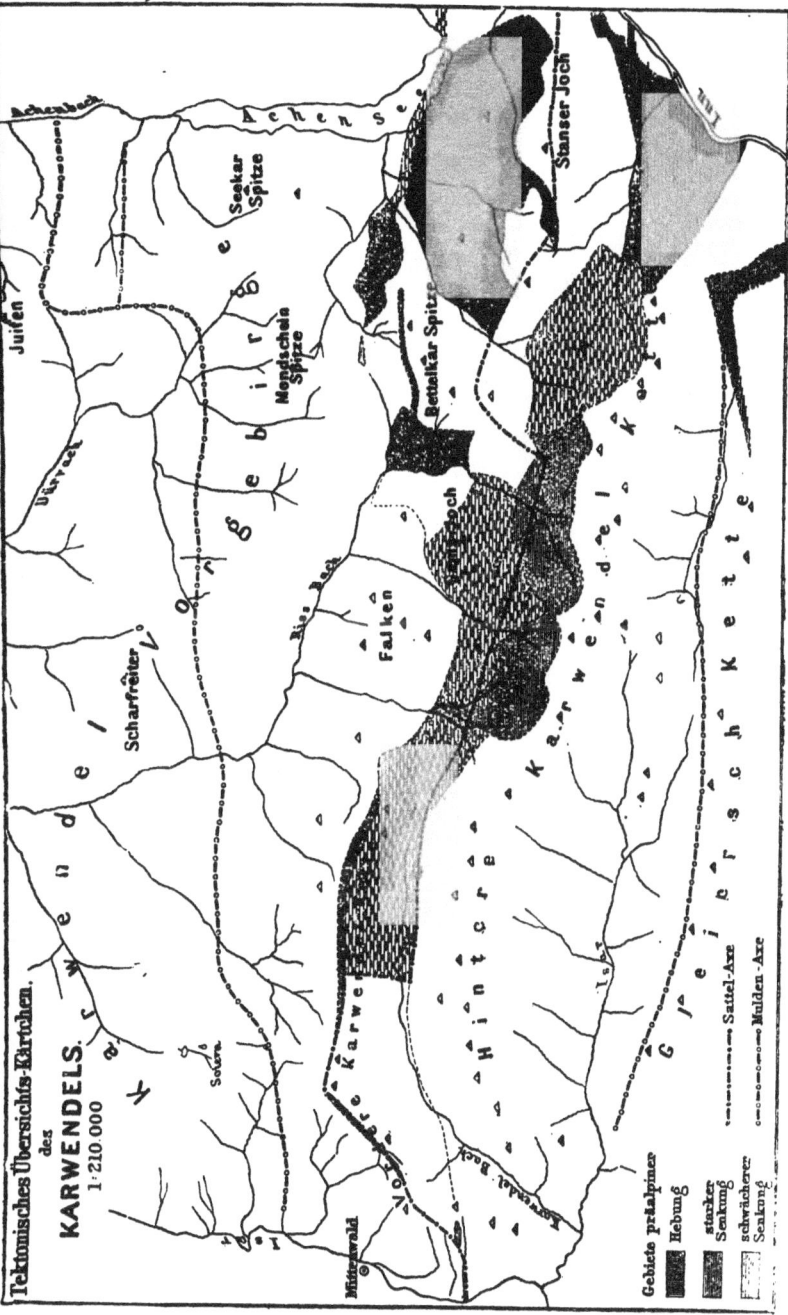

Tektonisches Übersichts-Kärtchen

des

KARWENDELS.

1:210.000

Achensee

A c h e n s e e

Achensee

Seekar Spitze

Juifen

Unnut

V o r g e b i r g e

Megglschein Spitze

Scharfreiter

Bettelkär Spitze

Ries Bach

Falken

K a r w e n d e l k e t t e

K a r w e n d e l

Stanser Joch

Inn

H i n t e r e

G r e i t s c h k e t t e

Sattel-Axe

Mulden-Axe

Mittenwald

V o r d e r e   K a r w e

Karwendel Bach

Gebiete prätalpiner

Hebung

starker Senkung

schwächerer Senkung

Zeitschrift des D. u. Ö. Alpenvereins

1888, Tafel 11.

fast allerorten in den Alpen in mehr oder minder ausgeprägter Form zu beobachten ist. Es ist ein wesentlicher Zug alpinen Gebirgsbaues.

2. Störungen der Regelmässigkeit dieser Falten sind durch die gebrochene Richtung der Anti- und Synclinalen angedeutet. Sie sind Folge zahlreicher Brüche und Verschiebungen, die im Einzelnen schon beschrieben wurden, und welche die Falten als solche betroffen haben, wesshalb sie sich als jüngere Bildungen ausweisen. Dahin gehören die meisten Querbrüche und wahrscheinlich mehrere Längsbrüche, von ersteren z. B. der grosse Bruch, welcher von der Moosenalpe über das Jöchl bei der Vereinsalpe gegen die Karwendelspitze streicht, von letzteren z. B. der Bruch, welcher das Hinterauthal herauf sich ins Rossloch hineinzieht. Wenn gesagt ist, dass diese Verschiebungen jünger sind als die Falten, so soll damit nicht der Meinung Ausdruck verliehen werden, als ob sie erst, nachdem letztere fertig ausgebildet waren, entstanden seien; ihre Entstehung fiel vielmehr in die Zeit des Faltungsprocesses und war wesentlich durch diesen hervorgerufen.

3. Dem Alter nach lassen diese Brüche selbst wieder eine Unterscheidung zu, und zwar erscheinen die Längsbrüche im Allgemeinen als die älteren, weil wo immer Querbrüche mit ihnen in Verbindung stehen, sie von diesen durchschnitten und verworfen werden. Schon ein flüchtiger Blick auf die Karte wird am Haller Anger, im Karwendelthal, im Vomperloch und an vielen anderen Orten deutliche Belege hierfür finden.

4. Eine ganz andere Stellung nimmt jedoch eine Anzahl von Brüchen ein, welche in keine augenscheinliche Beziehung zum Faltenbau zu bringen sind, weil ihr Streichen völlig unabhängig von der Richtung der Anti- und Synclinalen ist und weil die Hebungen und Senkungen, zu denen sie Veranlassung gegeben haben, häufig denjenigen, welche durch die Faltung hervorgerufen wurden, gerade entgegengesetzt sind. Auf der Anticlinale hat die Sattelbildung das Bestreben älteste Schichten emporzuheben, aber eben dort sehen wir z. B. zwischen Hochalpe und Bins jüngste Gebilde tief eingesunken. Umgekehrt nehmen die Hebungen durch die Sattelbildung um so mehr ab, je weiter sie sich von der Anticlinale entfernen. Die stärksten Hebungen und Ueberschiebungen der Myophorienschichten haben aber gerade am Gamsjoch, Plunser Joch und Bärenkopf — also ein gut Stück nördlich der Sattellinie — stattgefunden.

5. Diese Hebungen und Senkungen, soweit sie auf der Skizze dargestellt wurden, sind älter als der Faltungsvorgang. Die in den Nordflügel des triasischen Schichtgewölbes eingesunkenen Jura- und Kreideschichten des Gütenberges hätten nicht die Form einer überkippten Mulde annehmen können, wenn die Einsenkung erst nach oder während der Sattelbildung stattgefunden hätte, und ebenso unwahrscheinlich ist es, dass die Hebungen und Abquetsch-

ungen der Myophorienschichten längs der vorderen Karwendelkette
erst so spät erfolgt seien, da dieselben, auf jüngeren Schichten
(Fig. 11) ruhend, gänzlich aus ihrem ursprünglichen Zusammenhang
herausgerissen sind. Besonders unwahrscheinlich aber wird die Annahme solch jungen Alters, wenn man starke Hebungen und Senkungen innerhalb der Mulden und Sättel so dicht und beziehungs-
los aneinander grenzen sieht, wie im Vomperthal, Stallenthal und
am Gütenberg.

6. Der Faltungsvorgang des Karwendelgebirges hat, wie die
Entstehung des Alpengebirges überhaupt, gegen das Ende der Tertiärzeit seinen Anfang genommen. Spuren derjenigen Bewegungen,
welche vor dieser Zeit, also zu Ende der Kreide- und zu Anfang
der Tertiärzeit, den alten Meeresboden erfasst haben (s. S. 432)
und zur Bildung von Festland mit steilen Felsenufern führten,
dürfen wir darum in den unter 5 erwähnten, dem Faltungsprocess
vorausgehenden Hebungen und Senkungen sehen.

7. Wenn wir uns alle Schichtveränderungen der alpinen Ge-
birgsbildung wieder aufgehoben denken, so erhalten wir ein Bild
des Karwendelgebietes aus jener Zeit, welche der Alpen-Entstehung
unmittelbar vorausging. Es wird das freilich immer nur ein sehr
unvollständiges und mangelhaftes Bild geben, weil so viele Züge
aus jener Zeit jetzt theils verdeckt und entstellt, theils ganz verwischt sind, aber gleichwohl leistet es uns auch in dieser unvoll-
kommenen Gestalt die wichtigsten Dienste. Auf der beigegebenen
Kartenskizze (Tafel 11) sind die von mehr oder weniger starken
Senkungen oder Hebungen betroffenen Areale dargestellt. Die
Senkungen müssen als thalähnliche Vertiefungen, die Hebungen
als Höhenrücken gedacht werden. Beide ziehen ostwärts gegen das
Innthal, von welchem bekannt ist, dass es schon vor der Alpen-
Entstehung eine tiefe Meeresbucht darstellte. Bis in die Vertiefungen des Karwendels ist zwar dieses Meer nicht heraufgedrungen,
aber unzweifelhaft standen dieselben mit diesem in ähnlicher Verbindung, wie die trockenen oberen Enden der Fjorde mit den meer-
bedeckten unteren Theilen. Fig. 1 auf Tafel 12 gibt einen Quer-
schnitt in der Richtung $A - A$ der Skizze und trifft so zwei
Versenkungen und einen Höhenrücken. Es ist der einfachste Fall
angenommen, dass die Schichten kaum aus ihrer ursprünglichen
horizontalen Lage gekommen seien, wie dies bei Tafelbrüchen der
Fall zu sein pflegt. Möglicher Weise waren auch Aufrichtungen
und Verbiegungen damit verknüpft, wenigstens darf dies als sicher
für benachbarte Theile der Alpen, wo die Kreide discordant auf
älteren Triasschichten ruht, angenommen werden. Aber da wir in
unserem Gebiet sichere Anhaltspunkte dafür nicht gewonnen haben,
so wollen wir uns vorerst mit der einfachsten Annahme begnügen,
da sie zur Erklärung aller beobachteten Erscheinungen auszureichen
scheint. Es ist, wie aus der Oberflächenlinie hervorgeht, der
Thätigkeit praealpiner Erosion — entsprechend der Länge ihrer

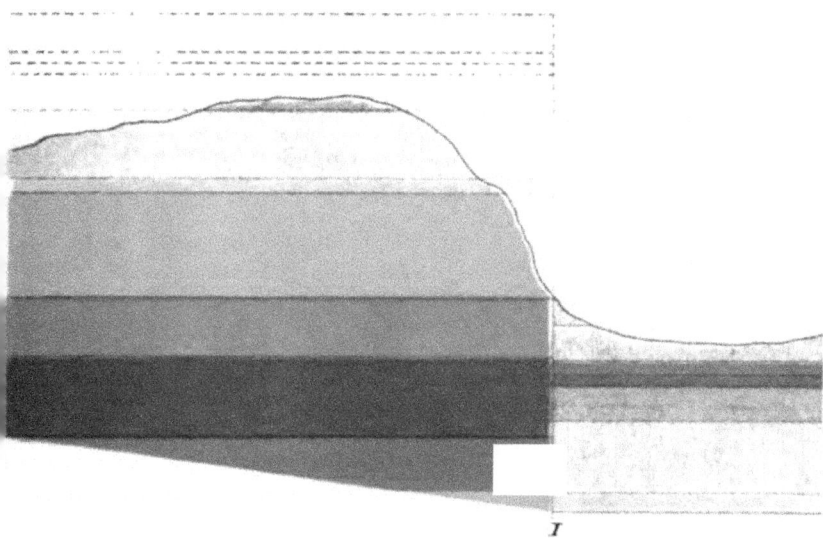

I

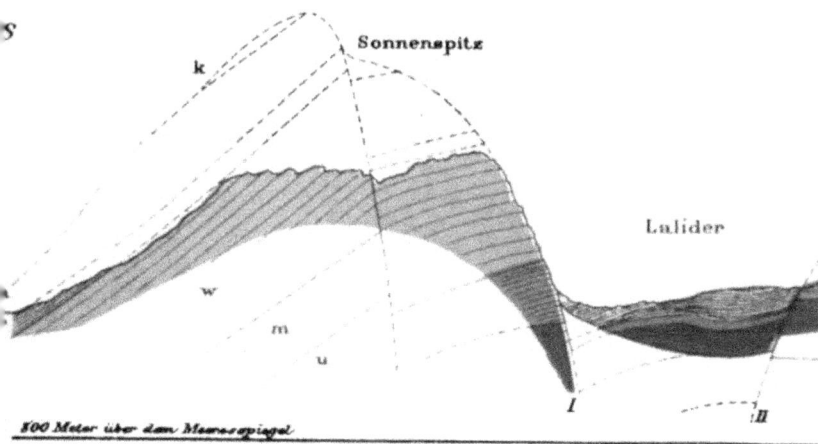

S

k

Sonnenspitz

Lalider

w

m

u

I

II

100 Meter über dem Meeresspiegel

Wirkungszeit — gehörig Rechenschaft getragen. Die Wege, auf denen das klastische Material fortgeschafft wurde, scheinen nach Osten, gegen das Innthal gerichtet gewesen zu sein.

8. Als nun dieser so beschaffene Gebirgstheil von dem alpinen Faltungsprocess ergriffen wurde, so konnten unmöglich Sättel und Mulden von derjenigen Regelmässigkeit entstehen, wie sie schematisch durch die beistehende Linie bezeichnet ist.

Fig. 29.

In Taf. 12 Fig. 2 ist das Profil dargestellt für die Linie $A - A$, wie es sich thatsächlich der Beobachtung darbietet, und nur mit den punktirten Linien ist der Versuch gemacht, dasselbe auf die praealpine Gebirgsmasse, wie sie Fig. 1 vorstellt, zurückzuführen. Das Räthselhafte, welches zuvor jene Emporpressungen auf den Sattelfirsten oder jene seltsamen Wiederholungen übergestürzter Schichtenreihen für uns hatten, klärt sich nun in ungezwungenster Weise auf. Ziehen wir in Fig. 1 eine horizontale Linie von links nach rechts, beginnend im Muschelkalk, so läuft dieselbe nacheinander durch Jura, Muschelkalk, Kössener Schichten, Wettersteinkalk, Muschelkalk, Wettersteinkalk und nochmals Muschelkalk. So wechselreich waren die Horizontalflächen beschaffen, welche von der alpinen Bewegung in Falten gelegt wurden, und aus diesem Grunde sind auch diese Falten selbst so wechselreich geworden. Lehreich sind die Reconstructionen in Fig. 2 auch insofern, als sie uns die Massen anzeigen, welche der Erosion zum Opfer gefallen und durch den Transport der fliessenden Gewässer und Gletscher aus dem Gebirge geschafft worden sind. Die Hauptmassen dieses Theiles wurden durch Isar und Rissbach forttransportirt, also in alpiner Zeit gerade in umgekehrter Richtung wie in praealpiner Zeit. Ist der Cubikinhalt des weggeführten Gebirges auch ein grosser, so muss er doch als unbedeutend bezeichnet werden gegenüber der Menge, welche man erhielte, wenn man in der oft beliebten Weise die jüngsten Schichten der Mulde in weitgeschwungenem Luftsattel mit denjenigen des Südabfalles des Sattels verbinden wollte. Wie ungerechtfertigt aber solche Methode in diesem Falle wäre, bedarf wohl keiner weiteren Beweise.

9. Durch das Profil der Fig. 2 tritt mit merkwürdiger Klarheit die Abhängigkeit der Thalniederungen von den Bewegungen der Gebirgstheile ans Licht. Mit der Entstehung des Gebirges haben sich allmählich diese Höhenunterschiede herausgebildet, und die Wasser der atmosphärischen Niederschläge haben sich in den Tiefen angesammelt, flossen von den Höhen herab und gruben ihre zahllosen Risse und Schluchten in Gehänge ein, die sie schon vor-

fanden, die sich aber zugleich mit der fortschreitenden Gebirgs-
bildung veränderten und damit auch dem Laufe der Gewässer
wechselnde Richtung gaben. Wie viel im einzelnen Falle heute von
der Form der Thäler und Berggehänge der Erosion fliessender Gewässer oder der Thätigkeit der Gebirgsbewegungen zugeschrieben
werden darf, mag oft zweifelhaft bleiben, aber dass letztere für die
Hauptthäler und Niederungen des Karwendels die erste formgebende
Ursache waren, haben uns die mitgetheilten Profile und die Karte
selbst schon genügend vor Augen geführt. Vomperbach und
Lafatscherbach fliessen in einer durch anticlinale Schichtenstellung
vorgezeichneten Senke, die Isar des Hinterauthales in einem Längsbruch, ebenso der Karwendelbach, der nur an seinem unteren Ende
quer durch die Schichten sich einen Ausweg eingeschnitten hat.
Die weiten Niederungen der Hinterriss (Laliders, Ladiz etc.) sind
durch die Juraeinbrüche vorangelegt; mit Brüchen laufen grosse
Theile des Rissthales, Fermersbaches, Ronthales etc.; und der Soiernkessel mit seinen kleinen Seebecken endlich verleugnet am wenigsten seine Abhängigkeit von Schichtenfaltungen und Einbrüchen.

Von grossem Einfluss waren ohne Zweifel auch die breiten
Abflussrinnen, welche unser Gebiet rings umgeben; ihre grosse
Tiefe verlieh den Gewässern ein starkes Gefäll, welches hinwiederum
die Wirkungen der Erosion verstärkte. Der tiefste Punkt des Isarthales liegt bei Fall in 730 m, des Innthales zwischen Vomp und
Jenbach in 535 m Meereshöhe. Obwohl also die Abflüsse zum
Inn das bedeutendere Gefäll besassen, so spielen sie bei der Ent-
wässerung des Karwendels doch eine untergeordnete Rolle, was
wiederum als ein Beweis gelten kann, dass die Wasserläufe in erster
Linie durch die Gebirgshebungen ihre Richtung erhielten. Freilich
konnten sie auch noch durch andere Ursachen Ablenkungen er-
fahren. Die Richtung des Achenthales ist hiefür ein schönes Beispiel.
Angelegt ist das Thal durch Einbrüche, wie sie in Fig. 27 ver-
anschaulicht sind, aber die Wasser flossen ehemals ins Innthal ab,
so dass Blaser-, Oberauer-, Unterauer- und Falzturnbach zum Fluss-
gebiet des Inn gehörten. Als dann durch Ablagerungen mächtiger
Alluvionen vom Innthal her das untere Ende des Achenthales zwischen
Buchau und Jenbach ausgefüllt wurde, staute sich das Wasser weiter
oben zu einem See auf, der sich schliesslich einen Abfluss nach Norden
verschaffte, so dass seine Wasser jetzt der Isar zulaufen. Durch diesen
Vorgang ist das Falzturnthal mit seinen Seitenthälern Pletzach
und Tristenau ebenfalls abflusslos geworden. Durch den zurück-
gestauten See waren sie von ihrem unteren Thalende abgeschnitten,
und anfänglich drang der See selbst noch eine weite Strecke in
diesen Thälern herauf, bis diese durch den in grossen Mengen
niedergehenden Gesteinsschutt und Schlamm ihren Boden bis zur
Höhe des Seespiegels erhöht hatten. Diese Art von Deltabildung
dauert jetzt noch am Fürstenhaus in der Pertisau fort.

10. Die oberen Enden sehr vieler Thäler haben eine besondere Ausbildung. Sie laufen nicht allmählich gegen den Bergkamm oder die Wasserscheide aus, wie dies z. B. bei dem Vomper, Lafatscher, Karwendelbach, Weissenbach etc. der Fall ist, sondern sie enden am Fusse von Steilwänden, von welchen sie mehr oder weniger halbkreisförmig umgeben sind. Man nennt sie K a r e und sie gehören zu den charakteristischsten landschaftlichen Eigenheiten des Karwendelgebirges. Ihre Erklärung ist mit grossen Schwierigkeiten verknüpft, da sie bisher geologisch noch zu wenig untersucht worden sind. Die Ergebnisse in unserem Gebiete lassen sich in Folgendem zusammenfassen.

Die F e l s e n k a r e des Karwendels sind zwar die oberen Enden von Thälern, aber sie sind todt, die Erosion steht still in ihnen, nur nach starken Regengüssen oder bei Schneeschmelzen fliesst Wasser auf ihrer Sohle in das tiefere Thal ab, doch es führt nur wenig von dem Schutt hinaus, welcher sich in Form gewaltiger Schuttkegel und -Halden im Inneren der Kare am Fusse der Steilwände als Product der Felsverwitterung und Zerberstung im Laufe der Jahre fort und fort ansammelt. Die Felsen selbst sind stark zerklüftet, die Kluftflächen zu klaffenden Spalten erweitert, die sich oft höhlenartig ausdehnen. Fast alle atmosphärischen Niederschläge, welche der Region der Felskare zukommen, verschwinden rasch in diesen unterirdischen Canälen, die sie immerfort erweitern, weil deren Kalkstein- oder Dolomitwände vom kohlensäurehaltigen Wasser aufgelöst werden. Erst in tieferen Regionen treten diese Wasser entweder da, wo thonige Schichten ihnen den Weg versperren, oder auf der Sohle der grossen Abflussthäler als Quellen wieder zu Tage. Es gab aber eine Zeit, wo die Kalke und Dolomite noch nicht so zerklüftet waren und reichliche Wassermengen in den Räumen und auf den Sohlen der Kare circulirten. Der letzte Abschnitt dieser Periode fällt in die Eiszeit, in welcher dieser Theil der Alpen zumeist von Eis und Schnee bedeckt war.

Alle Felskare tragen die Spuren ehemaliger Gletschererfüllung offen zur Schau: flache, breite, oft terrassenförmig ansteigende Böden, steile Seitenwände, geglättete, geschrammte Felsenoberflächen oft in Form von Rundhöckern, auf denen nicht selten Moränen mit geschrammten Geschieben ausgebreitet liegen. Diese Kare sind alle nahe den Wasserscheiden gelegen und waren darum zur Eiszeit theils von Firnschnee, theils von den oberen Enden (Anfängen) der Gletscher ausgefüllt. (Hiezu Tafel 20, Grosskar.)

Ausser diesen »Felskaren« gibt es im Karwendel andere Thalenden, welche ebenfalls von mehr oder weniger ringförmigen Wänden nach oben abgeschlossen sind, die sich aber nicht im Zustande der Verschüttung befinden. Die Auswaschung durch fliessendes Wasser geht regelmässig vor sich, und die Gehänge werden von einer ihrer Höhenlage entsprechenden Vegetation bedeckt. Auch diese Kare waren zur Eiszeit von Gletschern erfüllt, aber ihre den Felskaren

ähnliche Form ist seither durch Verwitterung und Erosion vielfach
entstellt worden. (Kirchle, Gross- und Klein-Zemmalpe, Pasilalpe etc.)
Diese Kare, welche man »Altkare« nennen möchte, sind nicht
ausschliesslich in reinen Kalk oder Dolomit eingegraben, sondern
ihre Wände und Böden bestehen vielfach aus thonigen, mergeligen
oder sandigen Schichten (Myophorienschichten, Raibler, Kössener
Schichten, Aptychenkalke), welche, weniger durchlässig, das Wasser
der atmosphärischen Niederschläge in grösseren Mengen oberflächlich
thalabwärts führen. Sie erreichen zum Theil dieselben Meereshöhen
wie die Felskare und liegen wie diese nahe den Wasserscheiden.
    Oft enden die Thäler nach oben in eine Reihe nebeneinander
liegender Kare, die sich nach unten vereinen und dann jene gewaltigen Sammelkare bilden, wie sie in ausgezeichneter Weise
im Moserkar und Rossloch sich darstellen. Ist aber nur ein Theil
der Kare in reinen Kalk, der andere in thonige und mergelige
Gesteine eingegraben, so hat sich auch nur jener Theil als Fels-
kar erhalten, während dieser durch Erosion weiteren Veränderungen
entgegengeführt wurde. Solcher Fall wird in klarster Weise durch
das Karalplthal dargestellt, in dessen Hintergrund drei Felskare
(Damm- und Mitterkar und Kar unter dem Wörner) in Wettersteinkalk und Muschelkalk eingegraben, ihre Form aus glacialer Zeit
erhalten haben, während der Vordergrund, aus Raibler Schichten,
Hauptdolomit und Plattenkalk zusammengesetzt, durch eine dichte
Waldbedeckung, tief eingeschnittene und erweiterte Thalfurchen
und grossen Wasserreichthum ausgezeichnet ist. Trotz der grossen
landschaftlichen Verschiedenheit dieses Theiles gegenüber den
hinteren Felskaren, erkennt man in den kreisförmig geschlossenen
Höhenzügen des Steinkarlgrates und Schwarzkopfes einerseits und
des Ochsenbodens andererseits noch deutlich die ehemalige Um-
wallung eines grossen Kares, dessen hochgelegener Boden stellenweise noch da erhalten ist, wo am Ausgang der hinteren Felskare
auf der Höhe des waldigen Rückens fest versinterte Moränen und
Schuttmassen späterer Erosion Widerstand geleistet haben.
    Der Beginn der Thalbildung im Karwendel reicht jedenfalls in
die erste Zeit der alpinen Hebung zurück, und wir haben darum
auch keinen Grund zur Annahme, dass die Kare ausschliesslich
Erosionsergebniss der Gletscher seien. Gletschererfüllung war nur
ein vorübergehender Zustand, der seine Spuren in einigen Fällen
(Felskare) bis heute zurückgelassen hat, während dieselben in anderen
Fällen stark verwischt worden sind.
    Wie die Thalsenken im Allgemeinen, so sind auch im Einzelnen
die Kare durch die Gebirgsbewegungen selbst vielfach angelegt und
hervorgerufen worden. Wir haben schon von den Brüchen ge-
sprochen, welche die Felskare der Hinterauthaler Kette so gewöhnlich durchsetzen (Fig. 7); wo durch solche weichere Schichten
in die Kalkmassen eingeklemmt wurden, haben diese die Form des
Kares bestimmt (Dammkar). Auch durch Schichtenaufrichtung

Nach Photogr. von B. Johannes.

Geschn. bei Jos. Walla.

und Umbiegung konnten weichere Lagen zur Karbildung Veranlassung geben (Pasilalpe). Es ist unmöglich, dem langjährigen Vorgang der Karbildung ins Einzelne nachzugehen, aber es kann nicht bezweifelt werden, dass während derselben die Gebirgsbewegungen noch andauerten, und in den Fällen, dass die Erosion nicht rasch genug arbeitete, um ihre Wirkungen aufzuheben, auch nachträglich noch auf die Form der Kare einen massgebenden Einfluss gewannen. Einen solchen Fall erkennen wir im Soiernkessel (Tafel 21), in dessen Hintergründen grosse Massen von Plattenkalken sicher durch Erosion entfernt worden sind, obwohl gegenwärtig für die Wegführung solcher Massen nicht die geringste Möglichkeit mehr existirt. Die Felsbarriere, welche die unteren Soiernseen gegen das Fischbachthal abschliesst, bleibt solange ein Hinderniss, als die Seen selbst nicht ausgefüllt sein werden. Will man zur Erklärung der Erosion der Hintergründe zu einer hypothetischen, besonders starken Erosionskraft der Gletscher seine Zuflucht nehmen, so wird man an der Gewissheit straucheln, dass dieselbe Kraft, welche die gewaltigen Massen von Plattenkalk im Hintergrund ausgehobelt haben soll, sicher auch die kleine Felsbarriere überwunden hätte, welche das Soiernkar zu einem wirklichen Kessel umgestaltet hat. Die Bewegung der Falten, in welche die einsinkenden Plattenkalke zusammengestaucht wurden, war eben hier schneller als die erodirende Kraft der Bäche oder Gletscher, und so bildete sich eine Erosionsschlucht in ein Felsbecken um.

Geologische Literatur des Karwendels.

Abkürzungen:

N. J. = Neues Jahrbuch für Mineralogie etc.; Z. D. G. = Zeitschrift der deutschen geologischen Gesellschaft, Berlin; J. R. = Jahrbuch der k. k. geologischen Reichsanstalt in Wien; V. R. = Verhandlungen der k. k. geologischen Reichsanstalt in Wien; A. R. = Abhandlungen der k. k. geologischen Reichsanstalt in Wien.

Clark, W., über die geologischen Verhältnisse der Gegend nordwestlich vom Achensee. München 1887. (Inaug.-Diss.)
Escher von der Linth, A., briefliche Mittheilungen in Z. D. G. 1854 S. 519.
Geistbeck, A., die Seen der deutschen Alpen. Leipzig 1885 (Mitth. d. Vereins f. Erdkunde zu Leipzig).
Geognostische Karte Tirols, herausgeg. vom geognostisch-montanistischen Verein für Tirol und Voralberg. 1852.
Geyer, G., im Jahresbericht von D. Stur (V. R. 1887 S. 25).
Gümbel, C. W. v., geognostische Beschreibung des bayrischen Alpengebirges. Gotha 1861. (Mit Karte.)
Haidinger, W., geognostische Uebersichtskarte der österreichischen Monarchie 1847.
Hauer, Fr. v., geologische Uebersichtskarte der österreichisch-ungarischen Monarchie. Wien 1867—71. Blatt V.
Lipold, M. V., J. R. 1855 S. 347.
Mojsisovics, Edm. v., Beiträge zur topischen Geologie der Alpen. J. R. 1871 S. 198.

72 A. Rothpletz.

Neumayr, M., das Karwendelgebirge. Reisebericht V. R. 1871 S. 235.
— — Zur Kenntniss der Fauna des untersten Lias in den Nordalpen. A. R. VII 1879.
Penck, A., die Vergletscherung der deutschen Alpen. Leipzig 1882.
Pichler, Ad. v., zur Geognosie der nordöstlichen Kalkalpen Tirols (mit Karte). J. R. 1856 S. 717.
— — zur Geognosie der Tiroler Alpen. N. J. 1857 S. 689.
— — Beiträge zur Geognosie Tirols (mit Karte). Z. d. Ferdinandeum 1859.
— — zur Geognosie Tirols. J R. 1862 S. 1.
— — zur Geologie der nordtirolischen Kalkalpen (mit Karte). 1864. Programm.
— — Beiträge zur Geognosie Tirols. Z. d. Ferdinandeum 1867.
— — Beiträge zur Geognosie und Mineralogie Tirols. J. R. 1869 S. 207.
— — Beiträge zur Paläontologie Tirols. N. J. 1871 S. 61.
— — aus der Trias der nördlichen Kalkalpen Tirols. N. J. 1875.
Prinzinger, H., geognostische Skizzen aus der Umgebung des Salzbergwerkes zu Hall in Tirol. J. R. 1855 S. 328.
Richthofen, v., die Kalkalpen von Voralberg und Nordtirol. 2. Abth. J. R. 1862 S. 144.
Rothpletz, A., zum Gebirgsbau der Alpen beiderseits des Rheines. Z. D. G. 1883 S. 185.
— — die geologische Aufnahme des Karwendelgebirges. Mitth. D. u. Ö. A.-V. 1887 u. 1888.
Sapper, Carl, über die geologischen Verhältnisse des Juifen und seiner Umgebung. Stuttgart 1888. (Inaug.-Diss.)
Schafhäutl, v., geognostische Untersuchungen des südbayrischen Alpengebirges. München 1851. (Mit Karte.)
Schäfer, Rud., über die geologischen Verhältnisse des Karwendels in der Gegend von Hinterriss und um den Scharfreiter. München 1888. (Inaug.-Diss.)
Stötter, M., Mittheilungen von Freunden der Naturwissenschaft in Wien. 1849. S. 147.
Wähner, Franz, Beiträge zur Kenntniss der tieferen Zonen des unteren Lias in den nordöstlichen Alpen. 1882–86. (Beiträge zur Paläontologie Oesterreich-Ungarns.)
— — zur heteropischen Differenzirung des alpinen Lias. V R. 1886 S 168, 190.
Wöhrmann, Sig. v., die Fauna der sog. Raibler und Cardita-Schichten der bairischen und nordtiroler Alpen. J. R.

Topographische und touristische Literatur des Karwendels.

Zusammengestellt von **H. Schwaiger.**

· Abkürzungen:

A = Amthor's Alpenfreund, D A Z = Neue Deutsche Alpenzeitung, J = Jahrbuch des Oesterreichischen Alpenvereins, M = Mittheilungen des D. u. Ö. A.-V., Ö. T. Z. = Oesterreichische Touristenzeitung, T = Jägers Tourist, Z = Zeitschrift des D. u. Ö. A.-V.

A., Dr., A Bd. 2 S. 317 (Hinterriss).
Auer, E., A Bd. 4 S. 257 (München-Scharnitz).
Barth, Herm. v., Z 1870—71 (Alpen Ladiz u. Laliders S. 15, Birkkar-, Marxenkar-, Oedkar- und Seekarpaitze, Hinterauthalerkette S. 75—108).
— — A 1873 Bd 6 (Bachofen- und Gr. Lafatscherspitze S. 219).
— — A 1874 Bd. 8 (Bockkar-, Dreizinken-, Grubenkar-, Laliderer- und Sonnenspitze, Laliderer Wände S. 321).

Barth, Herm. v., Aus den nördlichen Kalkalpen, Gera 1874 (Bettelwurf- und Speckkarspitze S. 305, Hochnissel, Rothwandl-, Steinkarlspitze S. 333, Falken S. 391, Karwendel- und Vogelkarspitze S. 420, Eiskarlspitze und Hochglück S. 435, Vomperloch S. 457, Katzenkopf und Jägerkarspitze S. 477, Kaltwasserkarspitze S. 498).

Böhm, A., *M* 1881 (Speckkarspitze S. 48, Katzenkopf-Jägerkarspitze S. 262).
— — Eintheilung der Ostalpen. Wien 1886.
Buchner, H., *Z* 1876 (Karwendelthal, Vogelkar- und Oedkarspitze S. 64, Isarquellgebirge, Birkkarspitze, Vomperloch, Bärenalplscharte S. 250).
— — *Z* 1877 (Birkkarspitze S. 21).
D . . . . n, E., *A* 1870 Bd. 2 (Gnadenwald bei Hall S. 211).
F. E., *Z* 1876 (Moserkarscharte, S. 332).
Feilitzsch, v., *M* 1883 (Bärenalplscharte, Lamsenspitze S. 185, Falken S. 237).
Frey, M. v., *Z* 1879 (Grubenkarspitze S. 241).
Gruber, Chr., Ueber das Quellgebiet und die Entstehung der Isar (Jahresber. d. Geogr. Ges., München 1887).
— — *M* 1887 (Hydrographie d. mittleren Karwendelkette S. 74).
Gsaller, C., *M* 1879 (Ärzlerscharte und Pfeissalpe S. 24, Brandjochspitze, Walderkamm-, Bettelwurfspitze, Hohe Warte, Kleiner Solstein, Hinterhornalpe S. 72, 149).
— — *Z* 1879 (Bettelwurfspitze, Hallthalerkette, Speckkar- und Walderkammspitze S. 149).
— — *M* 1880 (Praxmarkar- und Walderkammspitze S. 23, Hallthalerkette S. 333).
— — *M* 1887 (Linderspitze, Predigtstuhl, Grieskarspitze S. 234).
Hadwiger, C., *T* 1881 (Oestliche Karwendelspitze N. 23, Hochnissel, Steinkarlspitze Nr. 24).
Hailer, J., *Z* 1878 (Falken S. 220).
Heribert, A 1872 Bd. 5 (Innsbrucks Umgebung, Frauhitt S. 129).
— — *A* 1873 Bd. 6 (Kranebitterklamm S. 165).
Jülg, B., *J* 1869 (Hinterriss S. 176).
Kilger, F., *M* 1880 (Birkkarspitze, Oedkarspitze S. 210).
— — *M* 1881 (Falken S. 48, Kaltwasserkarspitze S 231).
— — *M* 1882 (Lalidererspitze und -Wand, Sonnenspitze S. 215).
— — *M* 1887 (Linderspitze S 270).
Lergetporer, B., *A* 1871 Bd. 4 (Zwerchbachhütte S. 190).
— — *A* 1873 Bd. 6 (Hochnissel S. 296).
— — *A* 1874 Bd. 8 (Stallenthal S. 28).
— — *D. A. Z.* Bd. 6 (Rappenspitze, Kaiserjoch S. 159).
—: —   „ 7 (Mittagspitze S. 59).
— —   „ 8 (Walderalpe S. 82, Lamsenscharte S. 229).
— —   „ 9 (Compar S. 43, Rabenspitze S. 211).
—·— *Z* 1876 (Lafatscherjoch, Gr. Bettelwurfkarspitze, Speckkargebirge, Walderkammspitze S. 48).
— — *Z* 1879 (Hochglückscharte, Lamsenspitze, Mitterkarlspitze, Vomperkette S. 230).
— — *M* 1879 (Hochglückscharte, Lamsenspitze, Mitterkarlspitze S. 28).
Lindenschmit, C., *M* 1882 (Sonnenspitze, Lamsenspitze S. 52).
— — *T* 1882 (Nr. 23 Speckkarspitze, Bettelwurfspitze).
Maurer, J. C., *D. A. Z.* Bd. 8 (Gleirschthal-Scharnitz S. 92).
— — *T* 1880 (Lamsenjoch Nr. 9).
— — *Ö. T. Z.* 1885 (Scharnitz-Hall S. 49).
Obrist, G., *A* 1871 Bd. 4 (Georgenberg S. 294).
Pfaundler, L., und **Trentinaglia, Jos. v.,** zur Hypsometrie und Orographie von Nord-Tirol. Z. d. Ferdinandeum 1860.
Poek, J., *M* 1879 (Hafelekarspitze S 96).
— — *M* 1880 Rossjoch (Brandlspitze) S. 20.

Pock, J., *M* 1885 (Rothwandl- und Steinkarlspitze S. 74).
— — *T* 1882 (Gr. Lafatscher Nr. 17, Bettelwurf-, Speckkarspitze, Hohe Warte, Walderkammspitze Nr. 18).
— — *T* 1884 (Eiskarlspitze Nr. 6).
— — *T* 1887 (Bachofenspitzen Nr. 16—17).
Purtscheller, L., *M* 1884 (Sonnenjoch, Hannkampl, Kl. Solstein S. 103, Brandjochspitze, Hohe Warte S. 328).
Reichert, M., *T* 1883 (Falken Nr. 16—17).
Schwaiger, H., *M* 1882 (Hochglück S. 87).
— — *M* 1883 (Eiskarlspitze S. 234).
— — *M* 1884 (Spritzkarspitze S. 328, Marxenkar- und Seekarspitze S. 368).
— — *M* 1885 (Hohe Gleiersch S. 134, Bettlerkarspitze S. 186, Grubenkarspitze S. 223, Lerchfleckspitze S. 258).
— — *M* 1886 (Oestl. Karwendelspitze, Schlichtenkarspitze, Vogelkarspitze S. 51, Laliderer Falk S. 112, Wörnergruppe S. 259).
— — *M* 1887 (Plattenspitze, Sonntagskarspitze S. 234).
— — *M* 1888 (Kaiserkopf S. 23, Grabenkarspitze, Brunnensteinspitze, Kirchlspitze, Sulzlklammspitze, Pleissenspitze S. 242).
Seyfried, A., *M* 1879 (Rothwandlspitze, Walderkammspitze, Rauher Knöll S. 29).
Seibert, J., *T* 1886 (Spritzkarspitze S. 65).
Siegl, A., *M* 1886 (Brandjochspitze, Hohe Warte, Solsteinkette, Gr. und Kl. Solstein S. 275).
— — *M* 1888 (Bettelwurf-, Speckkarspitze und -Kette, Walderkammspitze S. 151).
Sonklar, C. v., *J* 1867 (Gr. Solstein S. 13').
Trautwein, Th., *Z* 1884 (Ahornboden und Eng S. 520).
Wechner, Karl, *M* 1879 (Rosskopf S. 97).
Zametzer, J., *M* 1883 (Schafkarspitze S. 266).
Zott, A., *T* 1886 (Schafkarspitze S. 49).
— — *T* 1887 (Sonnenspitze, Laliderspitze und -Wand S. 21).

www.ingramcontent.com/pod-product-compliance
Lightning Source LLC
Chambersburg PA
CBHW021944220326
41599CB00013BA/1685